室内外环境设计的基本原理与方法探索

毕亚楠　胡文昕　王　俊　编著

中国纺织出版社

内容简介

本书主要围绕室内环境设计与室外环境设计进行具体的论述。室内环境设计的内容包括室内环境设计概述（概念、发展、分类、造型要素、形式美法则）、室内环境设计的内容与程序、室内环境的界面设计与绿化设计、室内色彩与照明设计；室外环境设计的内容包括室外环境设计概述（概念、特点、设计原则、基本流程）、住宅建筑外环境设计（概述、阳台设计、大门设计、围栏设计等）、办公建筑外环境设计（功能、空间设计、要素设计、优秀案例赏析）、商业建筑外环境设计、纪念性建筑外环境设计。本书的使用人群为环境设计方向的教师及学生。

图书在版编目（CIP）数据

室内外环境设计的基本原理与方法探索 / 毕亚楠，
胡文昕，王俊编著．—北京：中国纺织出版社，2017.3（2022. 1 重印）
ISBN 978-7-5180-3331-7

Ⅰ. ①室… Ⅱ. ①毕… ②胡… ③王… Ⅲ. ①室内装
饰设计—研究②室外装饰—环境设计—研究 Ⅳ.
① TU238

中国版本图书馆 CIP 数据核字（2017）第 032931 号

责任编辑：汤浩　　　　责任印制：储志伟

中国纺织出版社出版发行
地址：北京市朝阳区百子湾东里 A407 号楼　邮政编码：100124
销售电话：010-67004422　传真：010-87155801
http：//www.c-textilep.com
E-mail：faxing@e-textilep.com
中国纺织出版社天猫旗舰店
官方微博 http：//www.weibo.com/2119887771
北京虎彩文化传播有限公司　各地新华书店经销
2017 年 3 月第 1 版　2022 年 1 月第19次印刷
开本：787 × 1092　1/16　印张：16.5
字数：401 千字　定价：76.00 元

前 言

随着中国经济的高速发展和人们生活水平的日益提高，室内环境设计的概念已不仅仅是满足于一般的功能需求和装饰设计，它已成为连接精神文明与物质文明的桥梁。人类寄希望于通过室内设计来改造建筑内部空间，改善内部环境，提高人类生存的质量。正如加拿大著名的建筑师阿瑟·埃利克森所说的："环境意识就是一种现代意识"。由于人们生活和工作的大部分时间是在建筑内部空间度过的，所以室内环境设计与人们的日常生活关系最为密切，在整个社会生活中扮演着十分重要的角色，同时室内环境设计水平也直接反映出一个国家的经济发达程度和人民的审美标准。

室外环境的景观设计涉及多学科交融的专业领域，综合了艺术、社会与人文、生态学与生态技术、工程建设与管理等领域的内容，关系到土地开发与管理、历史遗产保护以及资源的可持续利用与发展的问题，也是一门在实践中不断发展和完善，被更多的人了解和认可的学科。阳光、空气、绿化、水……构成了自然界绚丽多彩的世界，人们身处其中，既可漫步街头，又可驻足观赏；既可独处，又可交谈，结识更多的人，参与更多的事。所以室外环境兼有功能性、自发性和社会性的活动特点。

景观设计的本质在于构建人与环境的和谐关系，促进人类生活环境质量的提升，并保护和推动人类文明的发展。本书的特色就是将室内设计和室外设计相结合，前半部分讲述室内环境设计的相关原理和方法，后半部分讲述室外设计的有关理论和应用。本书共分九章，主要包括：室内环境设计概述、室内环境设计的内容与程序、室内环境的界面设计与绿化设计、室内色彩与光环境设计、室外环境设计概述、住宅建筑外环境设计、办公建筑外环境设计、商业建筑外环境设计和纪念性建筑外环境设计。

在本书中，毕亚楠（黑龙江大学）负责第二章、第三章以及第五章的编撰工作；胡文昕（黑龙江大学）负责第一章、第四章以及第九章的编撰工作；王俊（大连理工大学城市学院）负责第六章、第七章以及第八章的编撰工作。

本书是作者经过多年环境设计教学经验积累，在大量设计实践体会以及多次考察的基础上总结编撰而成的，吸收了很多当前环境艺术设计的新成果，旨在为我国的室内外环境设计专业人才的培养尽绵薄之力。

由于编者水平有限，书中不足之处在所难免，恳请广大读者，特别是室内设计的专家、同行给予批评、指正。

作者

2016年11月

目　录

第一章　室内环境设计概述

室内设计是从建筑设计领域中分离出来的一个年轻学科，它的工作目标、工作范围与建筑学、艺术学、艺术设计学和环境科学等学科有着千丝万缕的联系，这使其在理论和实践上又带有了交叉学科和边缘学科的一些典型。

第一节　室内环境设计的概念

一、室内环境设计的含义

所谓室内环境设计，是指人们的环境意识与审美意识相结合，根据建筑物的使用性质、所处环境和相应标准，运用物质材料、工艺技术、艺术手段及建筑美学原理，创造出功能合理、舒适美观、满足人们物质和精神生活需要的室内环境，赋予使用者愉悦的，便于生活、工作、学习的理想的居住和工作空间，是一种理性创造与感性表现并重的创造性活动。

室内环境设计是在有限的室内空间环境及有限的物质条件下发挥其实用性与经济性，并满足人们精神与心理的需求，为提高生活质量而进行的有意识的营造理想化、舒适化的内部空间的设计活动。美化生活是其主要目标，符合实用、经济、美观三大原则是其目的。也就是说，室内环境设计是以科技为工具、人性为出发点，去创造一个使精神与物质文明更和谐、生活更有效率、更能增进人生意义的生活环境的一种工作。

室内环境设计以其空间性为主要特征，它不同于以实体构成为主要目的的一般建筑和造型设计。我们将根据对室内环境设计含义的理解，以及它与建筑设计、室内装饰装潢设计、室内装修设计等系统的关系，从不同的角度、不同的侧重点来加以分析研究。

（1）室内装饰装潢是着重从外表的视觉艺术的角度来探讨、研究并解决问题，如室内空间各界面的装点美化、装饰材料的选用等。室内装修则突出工程技术、施工工艺等方面，是指对建筑工程完成之后，进行的各界面、各构件的装修工程。

（2）室内环境设计既是建筑设计的有机组成部分，同时又是对建筑空间进行的第二次设计，它还是建筑设计在微观层次的深化与延伸。在与建筑整体环境设计的水乳交融中，充分体现了现代室内空间环境设计的艺术生命力。

（3）室内环境设计是根据建筑的使用性质、所处环境和相应标准，运用现代物质技术手段和建筑美学原理，创造出功能合理、舒适美观、满足人们物质和精神生活需要的室内空间环境的一门实用艺术。这一空间环境既具有满足相应的使用功能的要求，同时也反映了历史底蕴、建筑风格、环境氛围等精神因素。其间，明确地将“创造满足人们物质和精神生活需要的室内空间环境”作为室内环境设计的目的，这正是以人为本，一切为人创造出美好的生活、工作和生产活动的室内空间环境。

（4）室内环境设计既与人们所认同的建筑设计体系相区别，又与大众认可的装饰装潢、装修等概念对空间所做的工作内容与设计改造不同。室内环境设计在空间中营造良好的人与人、人与空间、人与物、物与物之间的机能关系的同时，还表达设计的心理及生理的平衡与满足。室内环境设计是人类生活中重要的设计活动之一。它不仅关乎人们的过去、现在，还体现着人们对未来世界的探索与追求。可以说，在现代室内空间环境设计在空间领域范围扩大的同时，将给予未来设计以广阔的发展空间。

室内环境设计，从设计理念、设计表现手法到施工阶段，乃至在室内环境的使用过程中，都在强调节省资源、节约能源、安全舒适、防止污染等有利于生态平衡以及可持续发展等具有时代特征的，最终符合人机工程学的基本要求。

设计中往往包括许多独特的艺术风格，从宏观来看，往往能从一个侧面反映其相应时期社会物质和精神生活的特征：这是由于室内环境设计从设计构思、施工工艺、装饰材料到内部设施，必然和社会当时的物质生产水平、社会文化和精神生活状况联系在一起；在室内空间组织、平面布局和装饰处理等方面，总体来说，也还和当时的哲学思想、美学观点、社会经济、民俗民风等密切相关。从微观的、个别的作品来看，室内环境设计水平的高低、质量的好坏又都与设计者的专业素质和文化艺术素养等密切地联系在一起。随着社会发展的各个历史时期的室内环境设计，总是留下时代的印迹，犹如一部史书，见证了不同历史时期的不同设计风格。

从不同的视角、不同的侧重点来分析室内环境设计与建筑设计之间的关系，一些学者的深刻见解值得我们认真思考和借鉴，认为室内环境设计“是建筑设计的继续和深化，是室内空间和环境的再创造；是建筑的灵魂；是人与环境的联系；是人类艺术与物质文明的结合”。著名建筑师普拉特纳（W. Platner）则认为室内环境设计“比设计包容这些内部空间的建筑物要困难得多，这是因为在室内我们必须同人打交道，研究人们的心理因素，以及如何能使他们感到舒适、兴奋。经验证明，这比同结构、建筑体系打交道要费心得多，也要求有更加专门的训练”。美国前室内环境设计师协会主席亚当（G. Adam）也曾指出：“室内环境设计涉及的工作要比单纯的装饰广泛得多，他们关心的范围已扩展到生活的每一方面，例如：住宅、办公、旅馆、餐厅的设计，提高劳动生产率，无障碍设计，编制防火规范和节能指标，提高医院、图书馆、学校和其他公共设施的使用效率。总之一句话，给予各种处在室内环境中的人以安全和舒适。”白俄罗斯建筑师E. 巴诺玛列娃（E. Ponemaleva）则认为室内设计对“精神文明建设也有了潜移默化的积极作用”。

二、室内环境设计的特点

室内环境设计与建筑设计之间的关系极为密切，相互影响，相互渗透，通常建筑设计是室内环境设计的前提，正如城市规划和城市设计是建筑单体设计的前提一样。室内环境设计与建筑设计有许多共同点，即都要考虑物质功能和精神功能的要求，都需遵循建筑美学的原理，都受物质技术和经济条件的制约等。但室内环境设计作为一门相对独立的新兴学科，有其自身的特点。

（1）对人们身心的影响更为直接和密切。由于人的一生大部分时间都是在室内度过的，因此室内环境的优劣，必然会直接影响到人们的安全健康和情绪等。室内空间的大小和形状、室内界面的线形图案等，都会给人们生理上、心理上有较强的长时间、近距离地感受，甚至可以接触和触摸到室内的家具、设备以至墙面、地面等界面，因此很自然地对室内设计要求更为深入细致，更为缜密，要更多地从有利于人们身心健康和舒适的角度去考虑，要从有利于丰富人们的精神文化生活的角度去考虑。

（2）室内功能的变化、材料与设备的更新更为突出，与建筑设计相比而言，更新周期趋短，更新节奏快。随着社会生活的发展和变化，在现代室内环境设计领域里，更需要引入“动态设计”、“潜伏设计”等新的设计观念，即要认真考虑因时间因素引起的对平面布局、界面构造与装饰以及施工方法、选用材料等一系列相应的问题。

（3）较为集中、细致、深刻地反映了设计美学中的空间形体美、功能技术美、装饰工艺美。如果说，建筑设计主要以外部形体和内部空间给人们以建筑艺术的感受，那么室内环境设计则以室内空间、界面线形以及室内家具、灯具、设备等内含物的综合，给人们以室内环境艺术的感受，因此室内环境设计与装饰艺术和工业设计的关系也极为密切。

（4）对室内环境的构成因素考虑更为缜密。在室内环境设计中，设计师要对构成室内光环境和视觉环境的采光与照明、色调和色彩配置、材料质地和纹理，对室内声环境中的隔声、吸声和噪声背景以及对室内热环境中的温度、相对湿度和气流等因素的考虑，在现代室内环境设计中这些构成因素的大部分都要有定量的标准。

（5）具有较高的科技含量和附加值。现代室内环境设计所创造的新型室内环境，往往在电脑控制、自动化、智能化等方面具有新的要求，从而使室内设施设备、电器通讯、新型装饰材料和五金配件等都具有较高的科技含量，如智能大楼、能源自给住宅、生态建筑、电脑控制住宅等。由于科技含量的增加，也使现代室内环境设计及其产品整体的附加值增加。

三、室内环境设计的作用

一般认为，室内环境设计具有以下三个方面的作用。

（1）提高室内造型的艺术性，满足人们的审美需求。室内环境设计强化建筑及建筑空间的性格、意境和气氛，使不同类型的建筑及建筑空间更具性格特征和情感、艺术感染力，提高室内空间造型的艺术性，满足人们的审美需求。在拥挤、嘈杂、忙碌、紧张的现代社会生活中，人们对于城市的景观环境、居住环境以及居住周围的室内环境设计的设计质量越来越关注，特别是城市的景观环境以及与人们生活关系密切的室内环境设计。室内环境设计不仅关系到城市的形象、城市的经济发展，还与城市的精神文明建设密不可分。随着时代的发展，室内环境设计需要强化建筑及建筑空间的性格、意境和气氛，使不同类型的建筑及建筑内部空间更具性格特征和艺术感染力，以此来满足不同人群室内活动的需要。同时，通过对空间造型、色彩基调、光线的变化以及空间尺度的艺术处理，并提高良好的、开阔的室内视觉审美空间。因此，室内环境设计从舒适、美观入手，改善并提高人们的生活水平及生活质量，表现出空间造型的艺术性；同时，随着时间的流逝，它还是将艺术创造性凝铸在历史中的时空艺术。

（2）协调好“建筑—人—空间”三者的关系。室内环境设计是以人为中心的设计，是空间环境的节点设计。室内环境设计是由建筑物围合而成，且具有限定性的空间小环境。自室内环境设计的产生，它就展现出“建筑—人—空间”三者之间协调与制约的关系。室内环境设计的设计就是要将建筑的艺术风格与形成的限制性空间的强弱、使用者的个人特征与需要及所具有的社会属性、小环境空间的色彩与造型和肌理等三者之间的关系按照设计者的思想，重新加以组合，并把使用者“舒适、美观、安全、实用”的需求实现在空间环境中。

（3）综合应用各种知识体系，提高建筑综合性能。室内环境设计的综合作用包括：保护建筑主体结构的牢固性，延长建筑的使用寿命；弥补建筑空间的缺陷及不足，加强建筑的空间序列效果；增强构筑物、景观的物理性能以及辅助设施的使用效果，提高室内空间的综合使用性能。室内环境设计是一门综合性的设计，它要求设计师不仅要具备审美的艺术素质，同时还应具备环境保护学、园林学、绿化学、室内装修学、社会学、设计学等多门学科的综合知识体系。室内环境设计能够增强建筑的物理性能和设备的使用效果，提高建筑的综合使用性能。家具、绿化、雕塑、水体、小品等的设计也可以弥补室内空间缺陷与不足，加强室内环境设计空间的序列效果，增强对室内环境设计中各构成要素进行的艺术处理，提高室内空间的综合使用性能。如在室内环境设计中，设置雕塑、小品、构筑物等既可以改变空间的构成形式，提高空间的利用效果，也可以提升空间的审美功能，满足人们对室内空间的综合性能的使用需要。

第二节　室内环境设计的发展

早在几百万年前，人类为了生存就开始营造自己的居室。“上古皆穴居，有圣人教之巢居，号大巢氏，今南方人巢居，北方人穴处，古之遗俗也。”就是对早期人类居住方式的描述。最初，室内环境设计是处于自发的、分散的个人活动。在保证自己生存的基础上，在实践中人们逐步通过“观鱼翼而创橹，师蜘蛛而作网，见朽木浮而知舟，见飞篷而知车”。这些为后世的室内环境、建筑、装饰设计师的发展以及现代的室内环境设计的形成起了极为重要的作用。

在室内环境设计的发展过程中，尤为重要的是第一次工业革命开拓了现代室内环境设计事业发展的新天地。随着钢铁、玻璃、混凝土等一些新材料的出现以及相应的构造技术的发展，极大地丰富了室内环境设计的学科内容。现代室内空间艺术的创作理论，随着实践活动的开展亦日趋完善。20世纪20年代，一批勇于探索的设计师举起了现代室内环境设计的旗帜。德国设计师密斯・凡・德・罗，一位自学成才的设计师，他摆脱了矫揉造作的风尚，使建筑室内与室外统一，风格一致。他首先将室内环境设计纳入建筑设计中整体考虑，密斯为巴塞罗那博览会设计的德国馆内部，开创了现代室内环境设计的先河。

在我国，室内环境设计学科真正开始于20世纪五六十年代，早期的室内环境设计主要依赖于建筑设计。20世纪80年代中期，随着改革开放的步伐，我国经济蓬勃发展，旅游建筑、商业建筑、居住建筑大量涌现，室内环境设计因此而大范围地兴起，并迅速发展起来。不仅室内环境设计行业蓬勃发展，而且众多理工科院校和艺术院校相继设立了室内环境设计的相关专业。至2003年，全国有200多所高等院校设置了与室内环境设计相关的专业，在校就读生超过4万人，每年约有1万名毕业生。

为加强室内装饰行业的规范化管理，1995年起，原建设部陆续颁发了《住宅室内装饰装修管理办法》《建筑装饰装修管理规定》《建筑装饰设计资质分级标准》等一系列法规。在“2004年全国建设工作会议”上，原建设部对住宅装饰与装修提出了住宅建设与设计产业化发展的一系列要求。如：健全住宅产业系统中的产品开发、设计、施工、生产以及管理和服务等各个环节；积极推广先进适用的成套技术，提高工业化水平；大力推行住宅一次性整体装修等。这一系列举措促进了我国室内环境设计的健康发展。

进入21世纪，我国建筑装饰行业发展尤为迅猛，不仅年工程产值增长迅速、从业人员猛增，而且设计水平日益提高，重点建筑工程项目的室内环境设计，也由早期基本上由国外或我国香港地区的设计师主持，发展到绝大部分项目可由我国室内环境设计师自己独立完成，或与境外设计师合作设计。随着科学技术的持续发展和社会经济的新增长，我国的室内环境设计和建筑装饰事业必将在广度和深度两方面得到进一步的发展。

随着时代的发展，现代室内环境设计呈现出一些新的特点。如：讲求实用功能，注重运用新的科学与技术，追求室内空间舒适度的提高；注重充分利用工业材料和批量生产的工业产品；讲究人情味，在物质条件允许的情况下，尽可能地追求个性与独创性；注重室内空间的综合艺术风格。科学技术的发展和新材料的不断涌现，以及人们需求与审美的变化，都促使室内环境设计不断向新的方向发展。21世纪，室内环境设计学科呈现出以下发展趋势。

（1）从总体上看，室内环境设计学科的相对独立性日益增强；同时，与多学科、边缘学科的联系和结合趋势也日益明显。现代室内环境设计除了仍以建筑设计作为学科发展的基础外，工艺美术、工业设计和景观设计的一些观念、思考和工作方法也日益在室内环境设计中显示其作用。

（2）大众的参与。在室内环境设计进一步专业化与规范化的同时，业主及大众对室内环境设计的积极参与趋势有所加强，这是由于室内空间环境的创造总是离不开生活、生产活动于其间的使用者的切身需求，设计者倾听使用者的想法和要求，有利于使设计构思达到沟通与共识，这将使设计的使用功能更具实效，更为完善，有利于贴近生活，贴近大众的需求，更好地为大众服务。

（3）室内环境设计呈现多层次、多样化、多风格的发展趋势已成必然，既有追求简洁明快、体现纯粹而高雅所谓抽象艺术之美的现代风格的室内环境设计，又有质朴清新、充满田野风情、以简朴自然为主题的室内环境设计；还有反映对文脉的重视，对历史文化的寻求，通过传统构件、古典符号的精心运用，营造怀旧情怀的室内环境设计；更有以现代材质构筑富有时代感、体现高科技的空间环境设计……不同层次、不同风格的现代室内环境设计都将在满足使用功能的同时，更为重视人们在室内空间中的精神因素的需要和环境的文化内涵，更为重视设计的原创力和创新精神。

（4）室内环境更新周期加快。现代科学技术的飞速发展使得社会生活节奏的不断加快，生活质量不断提高，人们对其生活与工作环境、娱乐活动场所等提出了更高层次的要求，尤其在室内环境的更新上，更新周期相应缩短，节奏趋快。因此在设计、材料、设施、设备、施工技术、与工艺方面的协调和配套关系上要进一步加强。同时要认真考虑因时间因素引起的对平面布局、界面构造与装饰等相应的一系列问题，如设施、选用材料的适当超前，设备的预留位置，装饰材料置换与更新的方便等，这些要求将会日益突出。

（5）设计、施工、材料、设施、设备之间的协调和配套关系加强。上述各部分自身的规范化进程进一步完善，例如住宅产业化中一次完成的全装修工艺，相应地要求模数话、工厂生产、现场安装以及流水作业等一系列的改革。

（6）自然、绿色、环保。进入21世纪，人们越来越深刻地反思自己在创造物质世界的同时给地球环境和人类健康造成的危害，自然、绿色、环保的环境意识已成了人们的共识。自然界中的素材、景物往往成了室内环境设计的素材，呼唤起人们对自然的爱护，使自然和谐安宁地与人、与环境共存。从可持续发展的宏观要求出发，室内环境设计将更为重视节约资源（人力、能源、材料等），节约室内空间（也就是节省土地），防止环境污染，考虑“绿色装饰材料”的运用，创造有利于身心健康的、与自然环境相协调的室内环境。

21世纪是一个经济、信息、科技、文化都快速发展的社会时期，现有的社会条件已经满足不了人民群众对物质生活和精神生活的需求，相应的，人民群众对自身的生活空间环境质量也提出更高的要求，怎样能满足人民群众的需求，创造出既安全、环保、健康、经济、美观、实用，又具有文化内涵的室内环境，这就需要我们认真钻研和探索室内环境设计这一新兴学科的规律性以及目前存在的问题，以便更好地解决和满足现代人的需要。同时也要求我们提高专业水平和创新能力，因为创新是室内环境设计的“灵魂”，只有创新，才能百战百胜。

第三节　室内环境设计的分类

室内环境设计的形态范畴可以从不同的角度进行界定、划分。从与建筑设计的类同性上，一般分为居住建筑室内环境设计、公共建筑室内环境设计、工业建筑室内环境设计和农业建筑室内环境设计四大类。但根据其使用范围来分类，概括起来可以分为两大类：人居环境设计和公共空间设计，其中公共空间设计包括限定性空间和非限定性空间的设计。限定性空间是指人群的年龄和职业是限定的，如幼儿园（图1-3-1）。非限定性空间是指不对人群年龄和职业限定的空间，如电影院、歌剧院、游乐园等公共场所（图1-3-2）。还可按空间的使用功能分为：家居室内空间设计、商业室内空间设计、办公室内空间设计、旅游室内空间设计等。

不同室内环境类型的建筑中，还存在一些使用功能相同的室内空间，如门厅、过厅、中庭、电梯厅、盥洗间、浴厕，以及一般功能的门卫室、办公室、会议室、接待室

图1–3–1　限定性空间设计（幼儿园）

图1–3–2　非限定性空间设计（影剧院）

等。当然在具体工程项目的设计任务中，这些室内空间的规模、标准和相应的使用要求还会有不少差异，需要具体分析。

根据室内空间使用功能的性质和特点不同，各类建筑主要房间的室内环境设计对文化艺术和工艺过程等方面的要求，也各有所侧重。例如，对纪念性建筑和宗教建筑等有特殊功能要求的主厅，对纪念性、艺术性、文化内涵等精神功能的设计要求就比较突出；而工业、农业等生产性建筑的车间和用房，对生产工艺流程以及室内物理环境（如温湿度、光照、设施、设备等）的创造方面的要求也极为严格。

将室内空间环境按建筑和使用功能予以分类，其意义主要是：设计者在接受室内环境设计任务时，首先应该明确所设计的室内空间的使用性质，这也就是所谓的“功能定位”，这是由于设计的造型风格和色彩、照明以及装饰材质的选用，无不与所设计的室内空间的使用性质、设计对象的物质功能和精神功能紧密联系在一起。例如住宅建筑的室内，即使经济上有可能，也不适宜在造型、用色、用材方面使“居住装饰宾馆化”，因为住宅的居室和宾馆大堂、游乐场所的基本功能和环境氛围是截然不同的，不能一概而论。

室内环境设计如果从空间形态和组合特征来分类，也可以分为：大空间、相同空间的排列组合、序列空间以及交通联系空间等。大空间通常包括会场、剧场的观众厅、体育馆等。相同空间排列组合主要指教室、病房等室内空间的排列组合。序列空间主要是指人们进入该建筑后，将按一定的顺序通过各个使用空间，例如博物馆、展览馆、火车站、航站楼等。交通联系空间是指门厅、过厅、走廊、电梯厅等。不同的空间形态和空间组合特征在室内环境设计时都需要注意其相应的特点和设计方法。

第四节　室内环境设计的造型要素与形式美法则

一、室内环境设计中的造型要素

在室内环境设计中，通过空间中各个造型要素的形、色、材质以及光照等很多因素整体表现来突出室内环境的形式美。美的形式表现是将美的内容显现为具体形象的内部结构和外部形态的一个过程。美的内部结构是内在形式，美的外部形态是外在形式，即艺术的形式美，它是给予观者视觉的第一印象。室内环境设计是表现方式上的一种设计，设计的变化也显现为一种形式的变化。在众多的形式美要素中，几何形态被充分的运用于室内空间的设计中去，并创造出丰富多彩的视觉效果。

（一）室内环境设计中点的运用

点是一切形态的基础，具有一定的空间位置，是最小的视觉单位。在几何概念中，点只有位置，没有面积。而在室内设计中，“点”要见之于形象，依靠对比而存在，至于面积或形象多大是点，要根据室内环境整体的大小和其他要素的比较来决定。如果与周围对比形成的差异较大，则形成点。如一件小的工艺品针对于整个房间，一幅小巧的装饰画对于一面墙，在室内环境中顶棚上的筒灯对于顶棚等。点的性质和作用可以概括为以下几点。

（1）空间中两个大小相同且相隔一定距离的点，由于点的张力作用会在心理上产生连线的感觉。当我们视线反复于两点之间时，“线”的感觉就产生了。等大的多个点呈线性排列会在我们的视觉上产生线的感觉，线的感觉随点的密集程度而有所不同，点愈密集，线的形态愈明显。等大的多个点呈面形相排列会在我们的视觉上产生面的感觉，面的感觉随点的密集程度而有所变化，点的个数越多，点与点之间的距离越短，“面”的感觉越强。将大小一致的点以不同的方式排列会产生微妙的动态视觉效果。

（2）点是力的中心，单独的点具有向心性和强烈的注目性。点在构成中具有集中、吸引视线的功能。独立的点，或者说独立的实物体，具有画龙点睛的作用。我们可以利用点的这一特性，在室内设计中用具有点的特征的形象装点和美化环境。它们以各自的形态出现在平衡和点缀的地方，创造和调节室内气氛。

（3）两个大小不同并隔一定距离的点，大点首先吸引我们的视线，然后将我们的视线移向并集中于小点。点的这个特性可用于建立空间中的视觉引导。将多个点以由大到小的点按一定的轨迹、方向进行变化，可以产生一种优美的韵律感。既丰富了表现手法，又恰到好处地增加了空间的层次，烘托出浓郁、活泼的气氛。

点在空间环境中随处可见，如一部电话或者一点灯光是“点”；吊灯、桌面上的蜡烛在空间中都以点的状态存在。这里的点都具有性格和表情，或通过造型或通过色调，所形成的形象语言让我们产生共鸣，去领悟其中丰富的内涵。

在室内空间环境的界面中，点既是空间界面转角的角点，又是这些面的起点。空间中点的位置，决定了个界面的位置。室内每一个构成点的元素，就其本身来说，都是一个微小构成单位。点在空间中的位置相对稳固，外在而言，每一个点都是一个元素；而对于内在，每一个点则不单纯是点的本身，而是活跃其中的内在张力元素。这种内在张力，是每一种视觉元素按照视觉规律进行不同配置的结果，由此产生不同的设计风格（图1-4-1）。

图1-4-1　点的构成元素与地面产生呼应关系

（二）室内环境设计中线的运用

1. 直线在室内环境设计中的运用

在几何学中，两点之间直线距离最短，因此，直线具有较强的视觉张力，它是室内环境设计中运用最广泛的视觉因素之一。不同类型的直线，分别呈现出不同的视觉效果，有秩序地排列的直线具有明显的秩序感，并能有效地统一整个室内空间。由于人们视觉习惯的作用，水平的直线与垂直的直线具有不同的效果：水平的直线具有引导视线，吸引观众的作用；而垂直的直线则更多的有分隔画面、限定空间的作用（图1-4-2）。

利用直线的这些视觉特征，并与其他要素互相配合，就能够达到有意识、有目的地引导人们视线观看室内陈设品的效果。例如，室内环境中用横向的水平线作为陈设品的基准，然后用垂直的线条来分隔室内空间，此时垂直线就起到了中断视线，把人们的注意力引向陈设品的作用。又如，明显的垂直线或水平线具有分隔空间的作用，设计中有意识地运用直线的这些特征，可以在视觉上达到改变或扩大空间的目的（图1-4-3、图1-4-4）。

图1-4-2　垂直的线具有增加空间高度和限定空间的作用

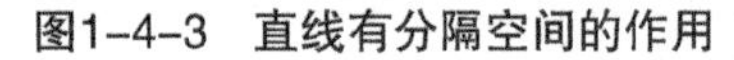

图1-4-3　直线有分隔空间的作用

图1-4-4　水平线有增大空间的作用

2. 曲线在室内环境设计中的运用

从几何的角度而言，曲线可分为封闭型的曲线和开放型的曲线。曲线是富有柔性和弹性的线，具有运动、变化的特征。将曲线运用在室内立面空间的造型中，可产生活泼、轻快、自由、生动的效果，从而给人以柔和、轻盈、优美的感受。由于曲线的曲率不同，曲线会呈现出各种不同的视觉效果，平缓的曲线与变化突兀的曲线分别有不同的效果。室内环境设计中应用得当的曲线，可强化横向空间的流动性、丰富整体效果，可使其节奏明快、韵律流畅，可改变由单纯直线造成的冷峻、严肃的气氛，增强室内环境的优美性和抒情感（图1-4-5、图1-4-6）。

图1-4-5　采用曲线增强室内环境的优美感

图1-4-6　曲线强化了空间的节奏感、韵律感

（三）室内环境设计中圆的运用

从几何学的角度说，圆是一个被连续曲线包围的形状，曲线上各点距圆心的距离相等。从室内环境设计的角度来说，圆是非常有用的形状，它既可以是实心的盘状，也可以是空心的圆环。圆形可以从很多角度观看，无论是正圆或椭圆，都具有丰满、柔和、亲切的特性。圆的这一特点在室内环境中体现出很好的适应性。从圆形引申出去，可以得到球形、扇形、螺旋形等形体，这些不同的形态用于室内环境设计中，能产生丰富多样的视觉效果（图1–4–7）。

图1–4–7　圆产生丰富多样的视觉效果

由于圆形与矩形、直线、平面等在几何关系上形成强烈的对比，因此，可以利用这一特点，在以直线、矩形等形成的展示背景上，用圆形或球形作为视觉中心与背景等形成强烈的对比。同时由于圆形的这种性质，在设计中还必须充分考虑到圆形在形体上与周围环境的协调。室内环境设计中，圆的形状可以用多种方法取得，譬如利用圆形的家具，甚至排列成圆形的陈设品等，也可以用球体来丰富圆形的造型因素。

（四）室内环境设计中三角形的运用

三角形也是室内环境设计中常见的几何形状，它可以水平、垂直或倾斜地使用。三角形是较稳定的形状之一，具有稳重、向上和安定之感，是空间造型中常用的形态。三角形中有两种特殊的形态：一种是等边三角形，即三条边的长度相等；另一种是等腰三角形，即三角形的其中两条边相等。三角形形态的不同、位置和边长的不同都会产生不同的视觉效果，例如，等边三角形给人一种极其稳定的金字塔般的感受；而等腰三角形，若加强其腰身的长度，会产生耸立、向上的势向；若缩短其腰身的长度，则会产生超稳定的视觉感受；若是将三角形倒置使用，则会完全打破其稳定状态，使其变成最不稳定的视觉形态（图1–4–8）。因此，三角形在实际运用中必须考虑到它的放置角度。

如果从平面的三角形发展出立体的金字塔形或棱锥体等，则在室内环境中就能体现出更为丰富的视觉效果（图1–4–9）。

图1-4-8　倒立的三角造型，给人以不稳定感

图1-4-9　在顶棚上运用三角与圆形的对比造型，丰富了视觉效果

一般来说，锥体是最不易倾倒的形态，但它只是在靠其正方形或三角形且直立时才是平衡的，如果将锥体稍加倾斜，或完全倒置，效果就会截然不同，它或许形成一种“千钧系于一发”的险势，或具有“泰山压顶”的气势。这种险峻或不稳定的视觉形态也是极其引人注目的，因此，利用这一特点，可以有意识地在室内环境中造成生动的视觉焦点。

（五）室内环境设计中矩形的运用

室内环境设计中运用的矩形有长方形和正方形两种形态。由于视觉习惯和人的视阈局限，常将长边在水平方向的矩形视作放置陈设品的界面，或是作为一种用来“构图”的画框。因此，在室内环境中出现的这种矩形常被视作是某一室内陈设内容的“外框”

或界限在文字或图片的版面上，长方矩形常被作为室内环境设计内容的主要排版形式（图1-4-10）；在实物的陈列中，用正方形作为背景，能使陈设品的陈列呈现出一种“正式”效果；如将不同大小和形状的长方形组合在一起，则可以产生丰富而有序的变化。正方形是矩形中变化较小的形态。因为缺少变化，传统的室内环境设计中较少用到正方形，但是如果加以独特设计，也能产生别出心裁的效果。

图1-4-10 运用不同的长方形来设计室内空间能产生丰富而有序的变化效果

二、室内环境设计的形式美法则的应用

在现实生活中，人们的审美观念由于文化素质、思想习俗、生活理想、经济地位、价值观念等不同而存在着很大的差异。一般地，从形式上来评价某一事物的视觉形象时，在大多数人中间存在着一种基本相同的共识，这种共识就是从人们长期生产、生活实践中积累的，它的依据就是客观存在的美的形式法则，我们称之为形式美法则。室内环境设计中形式美法则的运用多种多样，它是人类从社会实践中总结出来的规律，是审美的积淀，反映着人类对事物的认识和情感理想。

（一）重复与渐变

重复，即是以不分主次关系的相同形象、颜色、位置距离做反复并置排列，称为二方连续式。以一种形象做左右或上下反复并置，称为四方连续式。重复并置的特点有单纯、连续、平和、清晰、无限之感。但有时因为过分的统一，也会产生枯燥乏味的感觉。在室内环境设计中，用重复的形式可使陈设品均等放置。如家具的陈设，可把不同样式的家具做连续重复放置，使人们的视点集中在所放置的家具上（图1-4-11）。

图1-4-11　相同形象的排列

渐变，含有渐层变化的阶梯状特点，或渐次递增，或逐次减少。如在室内橱窗设计中，可对物品采用某种渐变的陈设形式（图1-4-12）。

图1-4-12　渐层变化的阶梯状特点

（二）对称与均衡

对称，即在画面中心画一条直线，以这条直线为轴线，使其上下或左右对称，称为对称或称均齐。对称具有一定的规律性，是统一的、正面的、偶数的和对生的。对称的形态在视觉上有整齐、自然、安定、均匀、协调、典雅庄重、完美的朴素美感，符合人们的视觉习惯。在空间环境设计中运用对称法则要避免由于过分的绝对对称而产生单调、呆板的感觉。有时候，在整体对称的格局中加入少量不对称的因素，能够避免单调和呆板，增加构图版面的生动性和美感（图1-4-13、图1-4-14）。

均衡，又称为非对称式平衡，即在无形轴的左右或上下，其各方的形象不是完全相同，但从两者形体的质与量等来看确有雷同的感觉，均衡富有变化，具有一种活泼感，是侧面的、奇数的、互生的和不规则的。在美学中均衡是根据形象的大小、轻重、色彩及其他视觉要素的分布作用与视觉判断的平衡，主要是指空间构图中各要素之间的相对平衡关系。在空间环境设计中的均衡是指整个空间的构成效果，它和空间中物体设置的大小、形状、质地、色彩有关系；空间各种物体的重感是由其大小、形状、色彩、质地所决定的。大小相同的两物体，深色的物体比浅色的物体感觉上要重一些，表面粗糙的物体比表面光滑的物体显得重一些。

图1-4-13　对称式的形态，在视觉上有稳定感

图1-4-14　对称式的构图，给人安定、均匀、完美朴素的美感

（三）比例与尺度

比例，是部分与部分或部分与全体之间的数量关系。美的比例是设计中一切视觉单位的大小，以及各单位间编排组合的重要因素。比如早在古希腊就已被发现的至今为止全世界公认的黄金分割比1∶0.618正是人眼的高度视域之比。恰当的比例则有一种协调的美感，成为形式美法则的重要内容。只有比例和谐的物体才会产生美感。在室内空间环境中是指空间各要素之间的数学关系，是物体本身或物与物量度间的关系。如室内空间长、宽、高就存在一个比例问题。

尺度，是人们感觉上的大小印象，是指人与空间的比例所产生的心理感受。尺度和比例是相互关系的，凡是和人有关系的体都有尺度问题，如空间、日用品、家具等。人们在长期的生产实践和生活活动中一直运用着比例关系，并以人自身的尺度为中心，根据自身活动的方便总结出各种尺度标准，体现于衣食住行的器皿、工具的制造和使用中。

（四）统一与对比

统一，视觉形象中共性或个性协调的具体反映，是把两个或两个以上相同性质但不同量的物体，或把几种不同性质但相近似的物体并置在一起，给人以融合统一的舒适感觉。在艺术表现形式中，常常体现为形的统一、色的统一、主调的统一（图1-4-15）。在设计中通过多种设计手段，使诸多因素的个性变化统一于总体构想中。但有时过分的和谐会产生单调感，需要在统一中求变化。在室内环境设计中利用室内设置的诸多因素的完美结合，形成协调的室内空间整体。

图1-4-15　形的统一、色调的统一

对比，把反差很大的两个视觉要素成功地配列在一起，其形象感觉既不相同又不相近，有明显的差异，形成明显的对照，既使人感受到鲜明强烈的感触而又仍具有统一感的现象称为对比。它能使主题更加鲜明，视觉效果更加活跃。在室内环境设计中，通常利用视觉形象中的色调的明暗、冷暖，色彩的饱和与不饱和，色相的迥异，形状的大小、粗细、长短、曲直、高矮、凹凸、宽窄、厚薄，方向的垂直、水平、倾斜，位置的上下、左右、高低、远近，形态的虚实和肌理等方面的对立因素来达到的适度的对比，给人以“万绿丛中一点红”的愉悦美感（图1-4-16）。

图1-4-16　利用材质的不同，追求一种对比的手法

在室内环境设计过程中，应根据其主题与整体结构的需要，侧重调和，最终给人以舒适统一的感觉；或充分运用对比，创造生动活泼、新奇动人的最佳视觉效果。

（五）节奏与韵律

节奏，是根据反复、错综和转换、重置的原理，加以适度组织，使之产生高低、强弱变化的一种韵律。节奏是连续出现的形象组成的有起有落的韵律，是客观事物合乎周期性运动变化规律的一种形式，也可称为有规律的重复。在室内环境设计的艺术表现形式中，通常表现为形体、色彩、材质的反复变化，有时表现为相间交错变化，有时表现为重复出现，由周期性的相间与重复构成流动美感。室内环境中的节奏主要是通过陈设品的形、色、肌理等多次重复，或通过陈设品陈列中的虚实、疏密、松紧等连续而有规律的变化来体现的。陈设品的交替重叠、有规律的变化能引导人们的视觉活动方向，控制和激发人们视觉感受的变化规律，给人的心理造成一定的节奏感（图1-4-17）。

韵律，是有规律的抑扬变化，它是形式要素系统重复的一种属性，其特点是使形式更具动的美感。韵律的形式按其形态划分，有静态的韵律、激动的韵律、微妙的韵律、雄壮的韵律、单纯的韵律、复杂的韵律等；若按结构来分，可以分为渐变的韵律、起伏的韵律、旋转的韵律、自由的韵律等形式。有韵律的构成具有积极的生气，又增加其魅力的能量（图1-4-18、图1-4-19）。

图1-4-17　反复出现的蜡烛赋予节奏感

图1-4-18　重复的灯饰形成一种节奏和韵律感

图1-4-19　墙面的造型给人以韵律感

总之，室内环境设计中的造型要素及形式美是将室内空间设计造型观念转化为审美实体的重要环节，在进行设计时要综合考虑分析，结合使用者在物质功能和精神功能等方面的要求，从而创造出更加人性化的舒适温馨的室内环境。

第二章　室内环境设计的内容与程序

室内环境设计是一个理性思考与系统化的工作过程。正确的思考方法、合理的工作程序是顺利完成设计的基本保证。设计方法的研究、工作程序的完善是一个职业设计师的终身课题。室内环境设计在现代室内设计中所包含的内容比传统的室内环境设计的范围要更为广泛，与之相关联的因素也是更多，更加能够体现室内环境设计对现代人们生活、工作的重要性。然而，室内环境设计的方法也不是简单论述就能够说清楚的，为了给室内环境设计的初学者打下一个稳固的基础，本章主要介绍室内环境设计的内容和室内环境设计的一般程序。

第一节　室内环境设计的内容

一、室内环境设计的理论依据及设计要求

为了创造一个理想的室内空间环境，我们必须了解室内环境设计的依据和要求，并知道现代室内环境设计所具有的特点及其发展趋势。现代室内环境设计在以环境为源，重视生态平衡、可持续发展的前提下，考虑问题的出发点和根本目的都是为人服务，满足人们各种不同的生产、生活需求，为人们创造理想的室内环境，目的在于让人们感到温馨和舒适，同时不同的生活环境也能在不同程度上影响人们的生活习惯和行为模式。

（一）室内环境设计的依据

既然是环境设计的一环，设计者就必须掌握所在的建筑的特点、设计意图和设施设备等情况，也必须了解当地的自然风景、人文景观、风俗习惯、地域文化和人工条件等。例如，设计一个旅馆的室内空间，显然在北京、上海的市区与在广西桂林和海南三亚的江河海岸的风格造型就不同；同样是在市区的上海和北京也会因为气候条件、人文环境、历史背景而有所不同。具体地说，室内环境设计依据不同的标准规则，具体的做出如下的划分。

1. 人体尺度空间范围

人体的尺度，即人体在室内完成各种动作时的活动范围，是我们确定室内诸如门窗的高宽度、窗台阳台的高度、家具的尺寸及其相间距离，以及楼梯平台、室内净高等的最小高度的基本依据。涉及人们在不同性质的室内空间内，从人们的心理感受考虑，人们在交往时心理要求的人际距离，以及人们在室内通行时，各处的有形、无形的通道宽度的大小，还要顾及满足人们心理感受需求的最佳空间范围（图2–1–1）。

图2-1-1　符合人心里感受的空间

根据以上的依据我们可以将人体尺度空间范围归纳为以下三类。

（1）静态尺度（人体尺度）。

（2）动态活动范围（人体动作区域与活动范围）。

（3）心理需求范围（人际距离、领域性等）。

2. 室内设施空间范围

在室内空间里除了人的活动空间外，占据空间的主要是家具、灯具、家用设备和一些陈设品；在有些室内环境里，如酒店的大厅、高档的餐厅等，室内绿化和水景小品等所占的空间尺寸也应该成为组织、分隔室内空间的依据条件。对于灯具、卫生洁具、空调设备等，除了有本身的尺寸和使用安置时必需的空间范围之外，还应该重视的是，这类设备、设施由于在建筑物的土建设计和施工时，对管网布线等已有一个整体的布置，在室内环境设计时应尽可能地在它们的接口处连接、协调。当然，出风口、灯具位置等从室内使用合理和造型等方面的要求考虑，适当在接口上做些调整也是可以的（图2-1-2）。

3. 室内空间、结构及设施等制约因素

设计者在组织室内空间时必须考虑到室内空间的结构体系、楼面的板厚梁高、柱网的开间间距以及水电管线的走向和铺设等要求，还有些其他设施内容，如风管的断面尺寸、水管的走向等，这些条件在与有关工种的协商下可做调整，但仍然是室内空间设计必要的依据条件和制约因素。例如，集中空调的风管通常在梁板底下设置，计算机房的各种电缆管线常铺设在架空地板内，所以在设计室内空间的竖向尺寸时就必须同时考虑这些因素的存在，提出妥善解决的合理方案（图2-1-3）。

4. 设计环境中的实施工艺表现

由设计设想变为现实，就必须动用可选用的地面、墙面、顶棚等各界面的装饰材料，在选用装饰材料时必须要求提供实物样品，因为即使是统一名称的建材也会有不同的纹样和质量上的差别。采用可行的施工工艺，这些必须在设计时就应该想到，以保证设计的最终成品的效果和质量。

图2-1-2　水体分割室内空间

图2-1-3　梁板下设置空调风管

5. 建设及施工费用标准

具体而又明确的经济和时间概念，是一切现代设计工程的重要前提。室内环境设计与建筑设计的不同之处，在于同样一个旅馆的大堂，相对而言，不同方案的土建单方造价比较接近，而不同建设标准的室内装修，可以相差几倍甚至十多倍。例如，一般社会旅馆大堂的室内装修费用单方造价1000元左右足够，而五星级宾馆大堂的单方造价可以高达8000~10000元不等。可见对室内环境设计来说，投资限额与建设标准是室内环境设计必要的依据因素。同时，不同的工程施工期限，将导致室内环境设计中不同的装饰材料安装工艺以及界面设计处理手法。

在设计室内环境时，诚然，室内使用功能、相应所需要烘托的文化氛围，也就是建设单位提出的设计任务书，以及有关的规范（如防火、卫生防疫、环保等）和定额标准，也都是室内环境设计的依据文件，此外，原有建筑物的建筑总体布局和建筑设计总体构思也是室内环境设计时重要的设计依据因素。

（二）室内环境设计的要求

室内环境设计的要求主要有以下几点。

（1）具有使用合理的室内空间组织和平面布局，提供符合使用要求的室内声、光、电热效应，以满足室内环境物质功能的需要。

（2）具有造型优美的空间构成和界面处理，宜人的光、色和材质配置，符合建筑物性格的环境气氛，以满足室内环境精神功能的需要。

（3）采用合理的装修构造和技术措施，选择合适的装饰材料和设施设备，使其具有良好的经济效益。

（4）符合安全疏散、防火、卫生等设计规范，遵守与设计任务相适应的有关定额标准。

（5）随着时间的推移，考虑具有适应调整室内功能、更新装饰材料和设备的可能性。

（6）联系到可持续发展的要求，室内环境设计应充分考虑室内环境的节能、节材、防止污染，符合生态要求，并注意充分利用和节省室内空间。

（7）加大室内环境设计与建筑装饰的科技含量，如采用工厂预制、现场作业安装为主等现代工业化的设计与施工工艺，这对于住宅等大量性建筑尤为重要。

从上述室内环境设计的依据条件和设计要求的内容来看，相应地也对室内环境设计师应具有的知识和素养提出要求，或者说，应该按下述各项要求的方向，去努力提高自己。

（1）熟练掌握建筑单体设计和环境总体设计的基本知识，特别是对建筑单体功能分析、平面布局、空间组织、形体设计的必要知识，具有对总体环境艺术和建筑艺术的理解和素养。

（2）具有对声、光、热等建筑物理，风、水、电等建筑设备的必要知识。

（3）具有建筑材料、装饰材料、建筑结构与构造、施工技术等建筑材料和建筑技术方面的必要知识。

（4）对一些学科，如人体工程学、环境心理学等，以及现代计算机技术具有必要的知识和了解。

（5）具有较好的艺术素养和设计表达能力，具有建筑与室内环境设计历史、建筑美学、社会学等方面的素养，对历史传统、人文民俗、乡土风情等有一定的了解。

（6）熟悉有关建筑和室内环境设计的规章和法规。

因此，室内环境设计师必须首先要自身加强涉及上述要求的学习和必要知识的掌握，学会与相关学科和管理人员的协调，并且随着时代的进步不断更新所学的知识，培养创新精神。室内环境设计师是在建筑和室内的工程技术、历史人文和文化艺术以及社会学等全方面皆具有较佳素养的人才。

二、室内环境设计中的相关内容与因素

室内环境设计在现代室内设计中所包含的内容比传统的室内环境设计涉及的范围要更为广泛，与其相关的因素也更多，也更能体现室内环境设计对现代人们生产、生活的重要性。

现代的室内环境设计，是一门实用艺术，也是一门综合性科学，也被简称为室内设计。与传统意义上的室内装饰相比较，其所包含的内容更加丰富、深入，相关的因素更为广泛。室内环境设计所需要考虑的方面，也将随着社会科技的发展和人们生活质量以及心理需求的提高而不断更新发展。室内环境的内容，主要涉及界面空间形状、尺寸，室内的声、光、电和热的物理环境，以及室内的空气环境等室内客观环境相关因素。对于从事室内环境设计的人员来说，不仅要掌握室内环境的诸多客观因素，更要全面地了解和把握室内环境设计的以下具体内容。

（一）室内空间设计

室内空间是设计形式中最为重要的。设计师对空间层次的变化、空间之间的流动等的追求都是为了创造出富有个性的空间形式。

（二）室内装饰装修设计

这是指在建筑物内部进行规划和设计的过程中，将要针对室内的空间规划，组织并创造出合理的室内使用功能空间，就需要根据人们对建筑使用功能的要求，进行室内平面功能的分析和有效的布置，对地面、墙面、顶棚等各界面线形和装饰设计进行实体与半实体的建筑结构的设计处理。这一点，主要围绕着建筑构造进行设计，是为了满足人们在使用空间中的基本实质环境的需求。

（三）室内物理环境设计

在室内空间中，还要充分考虑室内良好的采光、通风、照明和音质效果等方面的设计处理，并充分协调室内环境、水电等设备的安装，使其布局合理。

（四）室内艺术陈设

主要强调在室内空间中，进行家具、灯具、陈设艺术品以及绿化等方面进行规划和处理。其目的是使人们在室内环境工作、生活、休息时感到心情愉快、舒畅，使其能够满足并适应人们心理和生理上的各种需求，起到柔化室内人工环境的作用，在高速度、高信息的现代社会生活过程中具有使人心理平衡稳定的作用。

简而言之，室内环境设计就是为了满足人们生活、工作和休息的需要，为了提高室内空间和生活环境的质量，对建筑物内部的实质环境和非实质环境的规划和布置。

三、室内环境设计中的相关体验

室内设计的目的是创造人们需求的室内环境。室内环境的内容涉及由界面围成的空间环境（空间形状、空间尺度等），室内声、光、热环境，室内空气环境（空气质量、有害气体和粉尘含量、负离子含量、放射剂量……）等室内客观环境因素。室内环境设计服务的主体是人，从人们对室内环境的身心感受来分析，主要有室内视觉环境、听觉环境、触感环境、嗅觉环境等，即人们对环境的生理和心理白与主观感受，其中又以视觉感受最为直接和强烈。客观环境因素和人们对环境的主观感受，是现代室内环境设计需要探讨和研究的主要问题。例如，现代影视厅、音乐厅（图2-1-4）等从室内声的环境质量考虑，对声音清晰度的要求极高。室内声音是否清晰，主要决定于混响时间的长短，而混响时间与室内空间的大小、界面的表面处理和用材关系最为密切。室内的混响时间越短，声音的清晰度越高，这就要求在室内环境设计时合理地降低平顶，包去平面中的隙角，使室内空间适当缩小，对墙面、地面以及座椅面料均选用高吸声的纺织面料，采用穿孔的吸声平顶等措施，以增大界面的吸声效果。上海新建影城中不少的影视厅，即采用了上述手法，室内混响时间4000Hz高频仅在0.7s左右，影视演播时的音质效果较好。而音乐厅由于相应要求混响时间较长，因此厅内体积较大，装饰材料的吸声要求及布置方式也与影视厅不同。这说明对影视厅、音乐厅室内的艺术处理，必须要以室内的声环境要求为前提。

图2-1-4　现代音乐厅

当前一些住宅的室内设计，在居室中过多地铺设陶瓷材质的地砖，设计时可能过多地考虑美观和易清洁的特点，但是从室内热环境来看，由于这类铺地材料的导热系数过大［在2W/（m·k）左右］，会给较长时间停留于居室中的人带来不适。

上述例子说明，创造出舒适优美的室内环境，一方面要有创造性、主动性，要有内涵，符合美学原理，同时又需要以相关的环境因素作为设计基础。主观的视觉感受或环境气氛的创造，需要与客观的环境因素结合到一起。或者说，上述的客环境因素是创造优美视觉环境时的“潜台词”，因为通常这些因素需要从理性的角度去分析掌控。尽管它们并不那么显露，但对现代室内环境设计确是非常重要的。

第二节　室内环境设计的程序

一、室内设计遵循原则

这里所要讲的室内环境设计所要遵循的原则，主要从设计者的角度出发，进行思考与分析，将分为以下四个方面。

（一）精准定位

在设计之初，将室内环境的功能定位、标注定位、时空定位三个要求进行准确的设计定位。在设计室内环境时，首先需要明确是什么样性质的使用功能，是居住的还是办公的，是游乐的还是商业的等等。因为不同性质使用功能的室内环境，需要满足不同的使用特点，塑造出不同的环境氛围（例如恬静、温馨的居住室内环境，井井有条的办公室内环境，新颖独特的游乐室内环境，以及舒适悦目的商业购物室内环境等），当然还有与功能相适应的空间组织和平面布局，这就是功能定位。

标准定位是指室内环境设计、建筑装修的总投入和单方造价标准（指核算成每平方米的造价标准），这涉及室内环境的规模，各装饰界面选用的材质品种，采用设施、设备、家具、灯具、陈设品的档次等。

时空定位也就是说所设计的室内环境应该具有时代气息和时尚要求，考虑所设计的室内环境的位置所在，国内还是国外，南方还是北方，城市还是乡镇，以及设计空间的周围环境、左邻右舍、地域空间环境和地域文化等等。

（二）整体与部分统一

处理好整体与部分的关系，以达到思想统一的状态，就整体与细部的关系而言，一般应该做到从大处着眼、细处着手。从大处着眼，即是在设计时思考问题和着手设计的起点要高，有一个设计的全局观念；从细处着手是指在具体进行方案设计与绘制时，首先应该对整个设计任务具有全面的构思与设想，树立明确的全局观。然后根据房间的使用性质开始深入调查、收集信息资料，掌握必要的资料和数据，在基本的人体尺度、家具尺寸等方面则反复推敲，使局部融合于整体，达到整体与细部的完美统一，否则就易于陷于空洞或琐碎杂乱无章的境地。

另外，在处理整体与部分的关系时，还应注意，室内与室外的连接关系，也就是从里到外、从外到里。室内环境的“内”就是指某一室内空间，“外”是指与该室内空间相连的其他室内空间或室外环境，内与外之间有着相互依存的密切关系，设计时需要从内到外，从外到内多次反复对比与协调，否则就极易造成相邻室内空间之间的不协调与不连贯，亦可能造成内外环境的对立。室内环境需要与建筑整体的性质、标准、风格与室外环境相协调统一。

（三）思想与表达相统一

在开展一项设计时，作品的思想是极其关键的因素，就像是设计的灵魂一样存在，如果一项设计当中缺乏了特有的思想可以说是没有灵魂的。故此，有着“意在笔先”之说。意在笔先也就是说设计的构思、立意至关重要，再设计之处就应该对设计有明确的立意与构思，之后才能有针对性地进行设计。但是要产生一个独特的构思往往并不容易，需要足够的信息和充分的时间，需要设计者进行反复的思考与酝酿。具体设计时意在笔先固然好，但是一个较为成熟的构思，往往需要足够的信息量，有商讨和思考的时间，因此也可以边动笔边构思，即所谓笔意同步。在设计前期和出方案过程中使立意、构思逐步明确，但关键仍然是要有一个好的构思，也就是说在构思和立意中要有创新意识。设计是创造性劳动，之所以比较艰难，贵在需要有原创力和创新精神，这样才能取得设计上的成功。对于室内设计来讲，意与笔的关系还表现在一个优秀的构思也需要有优秀的表达手段，也就是说，正确、完整又有表现力地表达出室内环境设计的构思和意图，使建设者和评审人员能够通过图纸、模型、说明等，全面地了解设计意图，也是非常重要的。在设计投标竞争中，图纸质量的完整、精确、优美是第一关，因为在设计中，形象作为直观的第一印象还是很重要的。图纸所呈现出的表达是设计者的语言，对于设计者来讲，熟练掌握并运用各种表达手段也是十分重要的能力。

二、室内设计前期阶段

室内环境艺术设计是一个理性的工作过程。正确的设计方法、合理的工作程序是顺利完成设计任务的保证。设计方法的研究，工作手段的完善是职业设计师的终身课题。这一部分主要介绍从事室内设计的一般程序，并对室内设计中的具体步骤、程序和过程做一介绍。从设计前的准备、方案构思概念、扩初设计和施工图的设计，介绍了设计步骤与程序，并叙述了设计标准与规范以及施工图构造大样图画法等。

（一）设计前的方案构思

方案的设计是灵动的表达内容，且要经过大量调研、积累工作，经过草图、方案、推敲、论证类比比较，才能确定可实施的方案。

设计师接到任务之后就上板出图的情况是不多见的。设计人首先要考虑的是设计前的准备工作，即所谓准设计阶段的基础工作。所谓准设计阶段，指的是与设计有关，但尚未展开设计程序的工作阶段。所做的第一件事就是研究设计任务书，弄清设计内容、条件、标准等重要问题。在非常条件下，设计的委托方由于种种原因而没有能力提出设计委托书，仅仅只能表达一种设计的意向并附带说明一下自己的经济条件或可能的投资金额等，在这种情况下，室内设计师还要与委托方一起做可行性研究，拟定一份合乎实际需求的、双方都认可的设计任务书。拟定设计任务书，务必要与经济上的可能性连起来考虑，因为要求是无限的，而投资的可能性则往往是有限的。

对设计任务书目的了解主要基于两个方面：一是研究使用功能，了解室内设计任务的性质以及满足从事某种活动的空间容量。这如同器皿设计，先了解所设计的器皿容纳什么物质，以便确定制作它的材料与方法，其次是对器皿的容量研究，以便确定体积、空间中大小等数量关系。二是结合设计命题来研究所必需的设计条件，搞清所设计的项目，要涉及哪些背景知识，需要那些有关的参考资料。在准设计阶段，室内设计的资料收集工作往往占据了设计师的大量时间。

所收集的设计资料可分直接与间接两种。所谓直接参考资料指的是那些可借鉴、甚至可直接引用的设计资料。例如，根据设计任务书所要求，满足某种特定活动，相应地收集人们对从事这种活动的人体尺度的研究成果（查阅设计资料集成一类的书籍），用摄影手段去收集并研究人们在类似空间中的行为、习俗以及有倾向性的人流线路。借助这类资料来明确所要设计的空间的功能分区问题，如静、动、主、从关系。

（二）设计前的基础准备工作

为了尽可能少走弯路，有必要收集大量的与所委托的设计性质相同或近似的设计实例，如分析其他设计师（包括前人）的成功经验与失败的教训，从中找到自己的出路。收集资料时，对大的空间关系的处理显然是居首要地位的。但是，对装修材料、构造方法，尤其是区别新型材料做法和典型的传统做法的差异是不可忽视的。在可能的情况下，对地面、墙体、天棚等建筑材料和照明、家具、纺织品、日用器皿等工业产品的品种从规格到单价都要有一个明确的列表，分出主要产品和样品。

所谓间接参考资料指的是那些与设计有关的文化背景资料。相对于前者。这类资料的收集要费力一些。人们对任何室内空间的要求并不是从天而降的，任何室内空间的产生都有其深远的历史背景和文化渊源。以剧场内部空间为例，从古希腊到今天已发展了几千年，文化脉络不同，内部空间的要求则大相径庭。尊重历史地“回头看”对我们从事有文脉、有个性、有地方特色的室内空间是很有补益的。

在现代社会里人们越来越不满足于所谓功能主义的室内空间了。每个民族都有其特殊的审美习惯、生活习俗、经济条件和所在地区的物产特色，设计师不可能用统一的模式来解决问题。因此，要真正做好某项设计，就得去理解所设计的内部空间的服务对象。间接资料的好处正在于它能帮助设计师加深这种理解、丰富设计人的文化修养。在准设计阶段不断地收集并消化设计资料，室内设计师的构思、立意就可能自然而然地产生了。间接资料越多，资料的可靠性越大，设计构思的依据就越充分。所以，资料工作并非是一件可做可不做的软任务。收集设计资料除了就事论事地帮助个别项目设计工作顺利进行之外，它还有帮助设计师进一步完善自己职业修养的作用。及时归纳、整理，分类明确、存放妥当。初学者往往条理不够清晰、丢三落四，造成资料虽多，但无处下手查阅的现象，这是在准设计阶段中最为忌讳的不良习惯。

准设计阶段的另一项重要的基础工作是对设计条件的考察与分析。常言道：“兵马未动，粮草先行”为了彻底避免“巧妇难为无米之炊”这种难堪的设计局面。对做设计的条件进行反复考察是极为必要的。考察的第一项内容是施工水平。设计是靠施工环节来呈现的。设计构思再好，施工能力低下，反而帮助越小。设计做得再合理，施工方面一再延误工期，造价可能就会提高。如果对施工环节放任自流，定然会造成全面的损失，最后弄得面目全非，可谓是劳民伤财了。实践证明，设计人的能力是极有限的。施工的开始并不意味着设计工作的结束，大量的制作工艺问题，设计内容要根据施工情况做必要的修改与调整，这些实际问题势必要求设计人员深入现场与施工部门去协商，并优选出最佳解决方案。施工水平高，设计意图则会被贯彻得非常精准，不但能避免失误，还可能给设计增色。

总之，在准设计阶段所做的基础工作能帮助设计师清醒地认识任务的性质与工作条件，预先了解该做什么，能做什么，这一系列的现实问题。此后，设计师才能按现实的可能性展开设计程序（图2-2-1）。

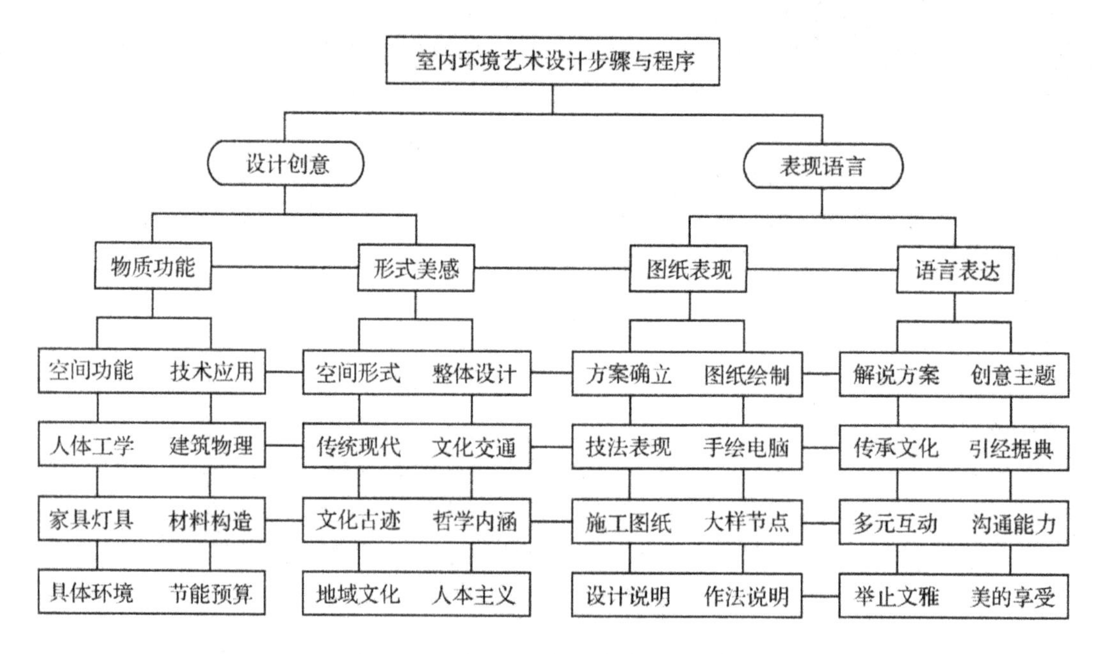

图2-2-1　室内环境设计步骤与程序分析

三、室内设计方案设计阶段

室内环境设计方案设计阶段，是指通过深入的收集、分析，运用设计任务有关的资料信息进行构思立意，进行方案的设计，这一阶段是室内环境设计至关重要的阶段。

（一）室内设计方案分析阶段

大家都知道，室内装修环境设计是建筑设计的延续深化和发展。在我国装修设计现阶段，一般要经过室内装修创意方案设计、扩初设计、施工图设计三个基本阶段，是从建设单位拟定设计任务书（具体设计要求或招投标文件），一直到交付施工单位进行施工之全过程。这三部分在相互联系、相互制约的基础上有着明确的责任关系。

1. 创意性思考

创意性思考是指，设计师就关于用什么材料与构造来表现场景，以达到表现创意效果的目标。例如，一般汇报介绍方案时，除了系列方案图之外，还常附有材料设计一览表和物料样板。重点工程还制作多媒体或动画演示介绍方案等。这一阶段对整个室内装修设计起着开创性的指导意义，也对整体室内设计方案有着全面、概括的理解认识。

（1）基本确定方案。当基本确定设计方案时，就要进行扩初设计了，它是在装修创意方案设计的基础上，逐步落实材料、技术、经济等物质方面的现实可行性，是将设计意图逐步转化为现实的重要阶段。并与建筑、结构、设备等专业碰头协商结构问题和构造技术等方面的设计定位，没有大的问题时，方可进行下一步工作。也可提出补充材料与构造节点大样图，供相关专业协调一致，同步进行。

（2）施工图设计阶段。室内设计作为工程装修龙头专业，首先是将作业图（平面图、立面图、剖面图及主要的材料构造图）提供给各个专业，进行施工图阶段设计。这一阶段，设计师必须仔细认真地画好每一个构造大样图。应当说装修设计在这里不同于建筑设计，建筑设计标准图与之相比是规范的，而装修设计整套施工图，因为可依的标准图甚少，且每一项工程都有所不同，需要更多的材料与构造设计大样图纸与做法说明。从某种意义上说，室内设计就是材料与构造细部设计。

2. 方案创意意象

把握设计意图，要做到对其准确清晰的表达。当设计师在进行室内空间环境创意设计时（也称二次设计），要充分解读设计环境和设计创意亮点的体现。

制定可行性研究计划，对方案创意的逐步实施进行研究、对比，确定正确的方向。

（1）使用功能。应将人的使用功能因素全面考虑进去，这里是根据具体的环境、位置与具体的地域特点来做综合的设计。既要体现人的使用习惯，又要考虑美感因素的把握，将设计文化（风土人情、地域特色）融入使用功能之中。

（2）意象表达。用什么样的表达形式，尤其是主体表现的部分，要根据具体环境、生活水准和技术要求来确定其表现形式。不管用什么样的材料、技术、形式来表现，都要有初始的创意意象，并符合具体环境所要求的整体设计格调。①生活表达，来自生活的体验与细节上的感受。②象征表达，寓意、暗示、象征、概括性的表现自然生物的有机状态。③雕塑表达，像一尊艺术雕塑一样，强调立体感与块面。④几何形体，追求现代、简练、时尚的表达意义。⑤文化载体，反映历史文脉、地域文化和风俗习惯。⑥追逐梦想，建筑科技与艺术设计的有机结合，表达空间、精神和美的享受。

（3）文化传承。每一个地区都有本地区的文化、素材材料与做法习惯。当把这些素材融入材料与构造设计当中的时候，就会让人感到很贴切，耐人寻味。最后达到材料选择、构造技术与人文文化的完美结合。

（4）真实体现。室内设计师的创意构思，正是将设计师描绘的蓝图，通过各种技术手段，真实的奉献给人们去使用、去体验，为人们创造出一种舒适的生活、工作与学习环境（图2-2-2、图2-2-3）。

（二）室内设计方案呈现阶段

室内环境设计方案的呈现阶段，将从方案呈现的方式、呈现的效果方面着手，来探究方案呈现阶段应体现的状态。

1. 方案呈现方式

室内环境设计的方案的呈现方式多种多样，同其表现方法一样，利用传统与现代化科技手段，其具体可以由以下几种方式进行呈现：

（1）可行性研究报告。根据可行性研究报告进行方案实施计划。

（2）绘制平面图。平面图一般将功能与形式设计框架布置布局画出来。方案设计

图2-2-2　公共空间概念设计

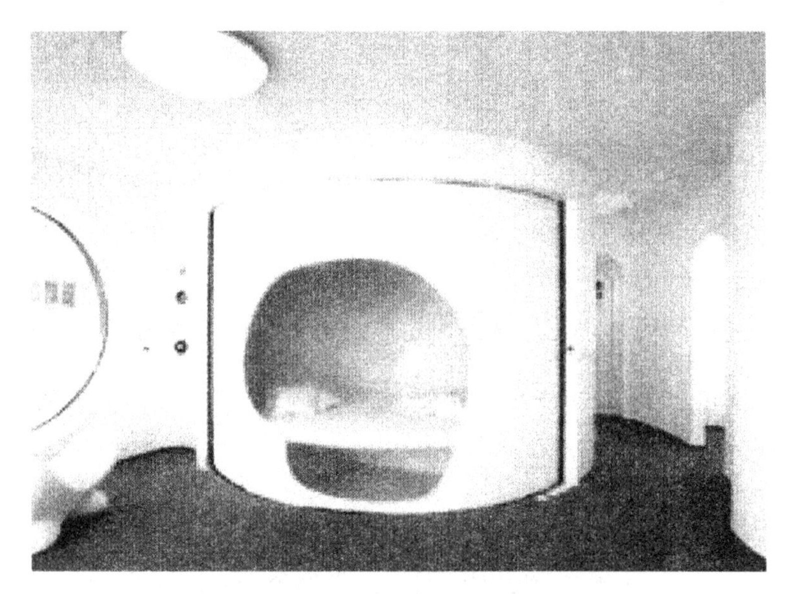

图2-2-3　创意构思设计

的空间层次序列、组团区域划分和空间重点设计等。一般比例为1∶100为宜，总平面分析图可适当加大比例到1∶300~1∶500均可。

（3）绘制吊顶平面图（即天顶图、天花图等）。吊顶平面图应绘出空间的使用功能与艺术造型变化、高低错落等，还有即是与建筑的标高关系，电器灯饰等的基本要求。一般比例为1∶100为宜。

（4）绘制立、剖面图（一般是合而为一）。立、剖面图是在平面图的基础上，画出立面艺术造型、标高尺寸、功能与造型等的关系。至少将主要立面（或者更多）画出来。一般比例为1∶100为宜。

（5）绘制构造大样图。构造大样图样涉及材与构造做法，一般是将主要的做法节点图勾勒出来，以便更好地深刻理解方案意图。一般比例为1∶10~1∶20为宜。

（6）方案文本文件。这是对方案设计的全面了解和概览，从方案地域环境功能与使用到细节艺术与技术表达，都要尽量用文字表述出来。例如，意象创意亮点，功能特征体现、采用新技术、新能源、绿色生态设计等可行性研究。

（7）效果图表现。这能从更多的角度观察、讨论和研究设计内容。

（8）多媒体PPT、动画演示等是方案设计最直观、最直接的展示表现形式。

2. *方案表现效果*

（1）设计构思的再创意。在开始阶段，室内建筑师主要是同建设单位人员对环境分析、研究因素了解使用者的意图、投资情况等，收集有关资料、数据加以综合考虑的。再者，一般表现有钢笔淡彩、马克笔、水粉、喷绘等表现方法，或者混合使用，都可不拘一格地发挥表现的艺术魅力，以快速准确的表达设计意图。

正确地把握设计的立意与构思，在画面上尽可能地表达出设计师的目的，创造出符合设计创意的最佳情趣，是学习表现图技法的首要要素。因此，必须提高自身的文化艺术修养，培养创造性思维的能力和深刻的理解能力。

设计师在绘图的过程中，往往对形体透视的艺术和色彩的变化津津乐道，而忽略设计原本的立意和构思，这种缺少整体概念设计的表现图，容易平淡、冷漠，既不能通过画面传达设计师的感情，也不能激发建设单位使用者的情绪。所以，画者无论采用什么样的技法和手段，无论运用哪种绘画形式，但画面所塑造的空间、形态、色彩、光影和气氛效果都是围绕设计的创意构思所进行的，从而体现这个基本的目的。

（2）丰富的艺术内涵。效果图的思考草图阶段，要有着丰富的艺术内涵，要经过创意的过程分析，从设计到表现，材料与质感、主体与配景的再创意等。设计师在设计过程中的各个阶段都可能画出一些所需的效果草图，这些草图不仅有平面、立面的布置与设计，同时也常常利用具有透视效果的空间界面草图进行立体的构思和造型，这种直观的形象构思是设计师对方案进行自我推敲的一种语言，也是设计师相互之间交流、探讨的图纸语言，它有利于空间造型的把握和整体设计的进一步深化。它的表现手段讲求精练、简略、快速、生动，表现工具常用的有钢笔、铅笔、马克笔等，其表现风格强调个性化、人文化。

效果图的定稿阶段，在深化方案艺术细节的同时，要经过创意的过程分析，效果图到了定稿阶段要求画面表现的空间、造型、色彩、尺度、质感都应准确、精细，并且有艺术感染力，让人为之信服、为之感动。为此多采用表现力充分、便于深入刻画的绘画工具和手段，比如水彩、水粉、喷笔以及多种技法的混合运用，表现风格则更多地强调艺术创意美感。

（3）方案初步确立。基本平、立面布局、效果图确定后，要共同与建设单位、主管部门确定方案。并做出方案概算造价量，提供主要材料样板，还要与其他专业互通、共同商讨最终方案（图2-2-4、图2-2-5）。

扩初设计即是指在确定方案之后的扩大初步设计，进行可行性研究。扩初设计应是更深入的平面、立面、剖面设计图，它是为进一步的实施做好充分的准备。与有关部门深入研究确定所调整后的方案设计图，提供给相关专业，以同时协调进行下一步工作程序。方案的确定，确立了实施的综合条件，就可以将平面图、立面图、剖面图及构造大

图2-2-4　居住客厅设计透视草图

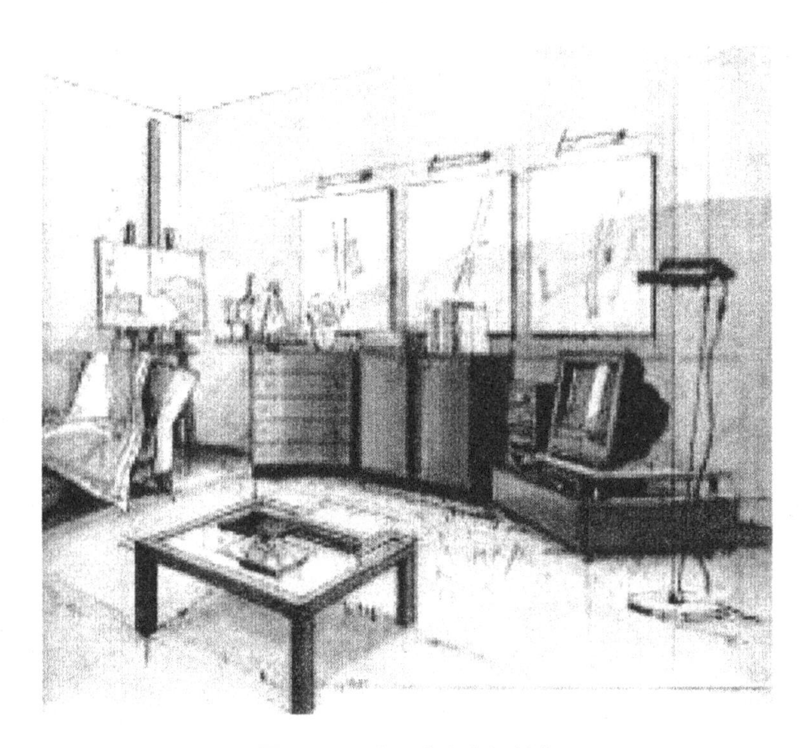

图2-2-5　客厅室内空间创意

样图图纸深化，进行完整的施工图设计了。

（三）室内设计方案效果图呈现内容

方案效果图所呈现的内容，是设计师与客户间意象转化为具体方案设计的重要内容，设计师根据客户所要达到的效果进行方案设计，遵循科学、艺术、真实与实用性的原则，这直接体现了客户的个人意象的呈现程度。

1. 方案效果图呈现要点

在绘制室内效果图时，无论哪一种表现形式都应该遵循四个基本的法则，即“科学”、“艺术”、“真实”和“应用”相结合。都应该具备以下特点。

（1）科学性。科学是一种严谨的态度也是一种方法，透视学与阴影透视的概念是前人总结出来的科学道理，光与色的自然变化规律也是科学，建筑空间形态的比例、构图的均衡、水分的干湿程度的把握，绘图的材料、工具和使用选择等也都含有科学性道理。

建筑表现绘画中十分强调的稳定性也属于科学性的范畴。室内效果图中经常出现的界面，如家具陈设搁放，空间关系层次等都要严格按照透视规律作图。因而，我们必须在室内效果表现作图的训练过程中，将画面形体的整体性作为重要内容来认真求证。

为了保证效果图的真实性，避免绘制过程中出现的随意或曲解，必须按照科学的态度对待画面表现上的每一个细节。无论是起稿、画图、着色或者对光影、透视的处理，都必须遵从透视学和色彩学的基本规律与基本规范。这种程式化的理性处理过程往往起初是枯燥乏味的，但潦草从事的结果却是欲速则不达。用科学的态度对待一切，将给我们带来的是成功的欣喜，正所谓苦中有乐，方能乐在其中。

当然也不能把严谨的科学态度看作一成不变的教条，当你熟练地驾驭了这些科学的规律与法则之后就会完成从必然王国到自由王国的过渡，就能灵活地而不是死搬硬套地运用，且创造性的而不是随意的完成设计最佳效果图的表现。对此，作者经过多年的制图与应用实践深有体会。

（2）艺术性。效果图表现既是一种科学性较强的工程方案图，但也能成为一幅具有较高艺术品位的绘画艺术作品。近年来我国成功地举办过的多次建筑画、室内表现图等艺术展览，也曾出版过画册并得到普遍的赞誉。有的建设单位还把表现图当作室内陈设挂于墙面或陈列于案，这都充分显示了一幅精彩的表现图所具有的艺术魅力。自然，这种艺术魅力必须建立在真实性和科学性的基础之上，也必须建立在造型艺术严格的基本功训练的基础之上。

一幅表现图艺术性的强弱，取决于作者本人的艺术素养与气质。不同手法、技巧与风格的表现图，充分展示着作者的个性，每个画者都以自己的灵性、感受去细读所有的设计图纸信息，然后用艺术的语言去阐释、表现设计的艺术效果，并且对施工图设计深化赋予想象的空间艺术魅力，能够让效果表现图展现得五彩缤纷、美不胜收。

绘画方面的素描、色彩训练，构图知识，质感、光感的表现上和空间气氛的构造，点、线、面构成规律的运用，视觉图形的感受等方法与技巧必然大大地增强表现图的艺术感染力。在真实的前提下合理地概括、适度的夸张与取舍也是有必要的。选择最佳的表现角度、最佳的光色配置和最佳的环境气氛，本身就是一种在真实基础上的艺术加工与创造，这也是设计师表现艺术的进一步深化过程。

（3）真实性。真实感是效果图的生命线，绝不能脱离实际的尺寸而随心所欲地改变空间的限定，或者完全背离客观的设计内容而主观、片面地追求画面的某种“艺术趣味”，或者错误地理解设计意图，表现出的气氛效果与原创意设计相差甚远。这就要求无论设计师本人或接受建设单位的委托都必须有一个共识，即真实性始终是第一位的。

表现图的效果必须符合设计环境的客观真实。如室内设计空间体量的比例、尺度等，在空间造型、材料质感、灯光色彩、绿化及人物点缀诸多方面也都必须符合设计师所设计的效果和气氛。表现图与其他图纸相比更具有说明性，而这种说明性就寓于其真实性之中。建设单位（甲方或业主）大都是从表现图上领略设计构思和装修工程施工完成后真实效果的。

（4）实用性。实用是指在应用于建筑设计项目工程上的预想效果图设计，室内设计效果表现图（也称室内设计预想图）是室内设计整体工程图纸方案中的先行，它是通过绘画手段直观而形象地表达设计师的构思意图和设计最终效果的。因而，对于如何实现，也应充分地考虑其材料选择与做法构造的可能性，并且自始至终的贯穿于整个创意、方案、施工图的各个阶段过程。

综上所述，一幅优秀的表现效果图也都应遵循以上四个基本原则，正确认识理解他们之间的相互作用与关系，在不同情况下有所侧重地发挥它们的效能，对我们学习绘制设计效果图表现都是至关重要的一个环节。

2. 效果图的表达方法

室内效果图表现虽然不是纯艺术表现形式，但它毕竟与艺术有着不可分割的血缘关系。既然与艺术有缘分，那么它也就具备了艺术所具有的特质，整体统一、对比调和、秩序节奏、变化韵律等艺术规律方面的艺术美感。因此，室内设计表现图的绘画基础、技术基础、艺术修养都是很重要的一环。事实证明，不少出色的设计师都得益于此。

表现技法图纸是设计师首要的有说服力的语言，最终的设计表现成果是我们打动业主获得设计任务委托直至工程应用。不管是徒手绘制技巧还是计算机辅助设计能力，我们都应该充分的精益求精的掌握，才能提高设计的可信度，提高设计能力。

通过以上的素质培养，锻炼掌握丰富的艺术内涵和正确的学习方法，并经过创意的过程分析，勤奋地、愉快地进行室内设计专业课程的学习。

（1）准确的求证透视。设计构思是通过画面艺术形象来体现的，而形象在画面上的位置、大小、比例、方向的表现是建立在科学的透视规律基础之上的，违背透视规律的形体所表现的色彩再好也是失败的，画面透视错误，就会失真，也就失去了美感的基础。因此，设计师必须掌握准确的透视求证方法，并应用其形式美的法则处理好各种造型，使画面的形体结构准确、真实、严谨、稳定。

除了对透视法则的熟知与运用之外，还必须学会用结构分析的方法来对待每个形体内在构成关系和各个形体之间的空间联系，这种联系也是构成画面结构、骨架的基础。分析的方法主要依赖于结构素描（也称设计素描）、速写的训练，特别要多以几何形体作为感觉性的速写练习，以便更加准确、快捷地组合起来。

（2）明快的色彩色调。在透视关系准确的形体基础之上，给予恰当的明暗与色彩，可完整地将一个具有灵动的空间形体展现出来。人们就是从这些外表肌肤的色光中感受到形的存在，感受到生命的灵气。一位画师必须在光与色的处理上施展所有的技能和手段，以极大的热情去塑造理想中的形态。作为训练的课题，要注重“色彩构成”基础知识的学习和掌握；注重色彩感觉与心理感受之间的关系；注重各种上色技巧以及绘图材料、工具和笔法的运用。以其扎实的造型能力与光色效果去塑造、表达内在的精神和情感，赋予室内设计效果图以生命力。

（3）掌握手绘效果图特点。现代手绘艺术效果图是与建筑设计创意紧密相连的，手绘艺术效果图的表现技法，是室内设计方案的一种表达、表现形式。用绘画的方法简练概括的绘制效果图，是一种简便、快捷的绘图方法。而这种技法要求绘图者要具有较高的绘画水平，对空间尺度感要有相当敏锐的捕捉能力，所表现出来的设计方案作品更具有艺术感染力，这应是手绘艺术效果图的基本特点和明确的目的。

室内设计方案效果图的表现，是首先勾画出室内空间方案设计布局的草图，确定方案后在预先将其裱好的纸面上起草轮廓，然后再进行着色渲染，并有程序、有步骤的进行绘画表达。

绘制室内空间效果图时，应根据透视基本方法、原理，画出准确的空间透视角度、物体关系，并经过视觉的调整，达到视觉上的舒适才能着色，直至细部刻画来营造出你所表现的室内空间氛围效果。

室内透视的种类与成图方法较多，在室内设计空间效果图中，应掌握常用的平行透视、成角透视和鸟瞰透视（即一点透视、两点透视和三点透视）的画法。室内空间设计效果图应体现各自具体室内设计空间特点，即室内空间环境气氛的创造是很重要的，气氛的创造直接影响到方案设计最终效果。因此，要留意观察、体会其空间表现的方式方法。在此基础上运用艺术的表现技法，来进行预想效果图的方案绘制工作。

室内效果图表现技法的种类也很多，每一种技法都有其特点，如水彩画的淡雅、色彩清雅秀丽，水粉画的浓艳、覆盖力强，钢笔画塑造形体的简洁、准确，马可笔的潇洒、干练等。在绘制设计时需要根据室内空间方案设计的对象与场合，进行适当的选择。一般来讲，喧闹的公共建筑场所，可以用奔放的技法表现其生意兴隆、热闹景象；购物中心、舞厅等需要用对比强烈的色彩来表现现代节奏和时尚空间；而药店、书店、精品屋、卧室等就需要用细腻的技法和协调统一的色调来表现其安静优雅的舒适空间。

所以说学好手绘艺术效果图，要本着目的明确，要求清晰，掌握特点等，方能练就好手绘艺术效果图技法。

3. 效果图表现工具

古语有云:“工欲善其事，必先利其器”。在绘制效果图的所有准备工作中，往往把选择合适的工具与材料放在首位。杂乱的桌面、微弱的光线以及摆放位置不适的工具等，都会给绘画带来麻烦，这样既耽误时间，又感烦躁疲劳，很难想象人们在如此的环境中能画出令人满意的效果图来。在很大程度上，清洁明亮、整齐有序的绘画环境比之工具与材料显得更为重要。

初学者，往往盲目迷信工具与材料，似乎工具越昂贵、种类越齐全，画出的效果图就越好。殊不知同样的一支笔，也许在他人手里能自如表现，而自己却不能为之。所以对于工具与材料的选择，一定要符合自身的条件，初学时只要备齐最基本的工具就可以了，下面对效果图表现的基本工具作一简述。

（1）用笔。在笔类的选配中，硬笔（铅笔、钢笔）一般没有太多的讲究，无非是其新旧与质量的好坏而已。而软笔（毛笔与板刷）的选配则很有学问，需要根据效果图的种类与风格，选择所需的笔。一般羊毫笔，蓄水量大、柔韧性好，适于渲染和不露笔痕的细腻画法，如白云笔和水彩笔。狼毫笔硬挺、弹性好，适于笔触感强的粗犷画法，以油画笔和棕毛刷为代表。水粉笔介于两者之间，如叶筋笔、衣纹笔等专门用于勾画线条，为毛笔与界尺结合使用的方法。

（2）颜料。颜料主要分两大类：一类为不透明色，以水粉为代表，有瓶装和袋装两种，其中袋装的质量较好；另一类为透明色，以透明水色和水彩为代表。透明水色有本册装与瓶装两种，多为12色。本册装水色使用时可裁成方纸片，一般12色贴于一纸以便于调色，此种水色其颗粒极细，色分子异常活跃，易于流动，但对于纸面的清洁要求比较高，起稿时不要太多的用橡皮擦，否则易出擦痕。水彩颜料多为12色或24色的锡袋装，其中以块装水彩颜料质量最好。

另外还有几类：一种是马克笔，马克笔分油性和水性两种，现在大多用的是水性马克笔；另一类，如国画颜料、丙烯颜料、色粉画等，都可以作为表现效果图的基础颜料来表现效果图。

（3）画纸。纸的种类也很多，从绘画的角度来讲，选择纸时，应考虑到它的吸水性。其吸水性越强，画面感觉就越飘逸、潇洒、柔和；吸水性越弱，画面的对比越强烈，色彩也越鲜亮明丽。应根据画面的需要进行恰当的选择。

（4）台尺。台尺（也叫槽尺、靠尺或界尺），是颜料勾画线条不可缺少的工具之一。虽然鸭嘴直线笔也是勾画线条的理想工具，但因为每次填入的颜料较少且易干，其绘制速度较慢，远不如台尺方便。只是台尺的使用需要有一定的技巧，否则线条不易平直挺拔。喷笔，是指体量尺寸（小气泵约计250mm × 150mm × 200mm）较小，在桌面上使用的工具。主要用来喷画具有退晕效果表现的，如色彩退晕、灯光退晕、高光退晕等。为效果图表现带来自然、柔和、逼真的韵味。

4. 效果图表现种类

一般手绘艺术效果图画法有以下几种，即水粉技法、水彩技法、彩色铅笔技法、钢笔技法、马克笔技法、喷绘技法等，有时可多种技法混合使用。

（1）水粉技法。水粉色的表现力强，色彩饱和浑厚、不透明，具有较强的覆盖性能，以白色来调整颜料的深浅度，用其色的干、湿、厚、薄等表现技法能产生不同的艺术效果，适用于各种空间环境的表现。

使用水粉色绘制效果图，绘画技巧性强，由于色彩的干湿变化大，湿时明度较低，颜色较深，干时明度较高，颜色较浅，掌握不好易产生“怯”、“粉”、“生”的毛病。绘制效果图时，可先从其暗部画起，用透明色表现。一般画面中物体明度较高的部位，用透明色表现效果较佳。刻画时要按素描关系表现物体的形象，注意留出高光部位。再用水粉色铺画大面积中性灰色调的天顶与地面，画时适当显见笔触，这样会加强其生动的视觉效果。最后进行进一步刻画，用明度较重及纯度较高的色彩表现画面中色调的层次和点睛之笔，详见水粉效果图表现（图2-2-6）。

（2）水彩（透明）技法。水彩颜色淡雅、层次分明、结构表现清晰，适于表现结构变化丰富的空间环境。水彩的色彩明度变化范围小，画面效果不够醒目，作画费时较多。水彩的技法表现有平涂、叠加及退晕等形式。

用水彩表现效果图时，可先淡后深，先亮后暗，分出大的体面、色块，采用退晕和干、湿画法并用的形式，色彩表现要淡、薄，注意留出其亮部的转折面和造型轮廓。

透明水彩的颜色明快鲜艳，比水彩色更为透明清丽，适于快速的表现技法。由于

图2-2-6　水粉效果图

透明水彩涂色时叠加渲染的次数不宜过多，而色彩过浓则不易修改等特点，一般多与其他技法混用。如钢笔勾线淡彩法、底色水粉法等。透明水彩在大面积渲染时要将画板适当倾斜。此种技法表现工具简单，操作方便，画面工整而清晰。①用碳素钢笔或墨水笔画好工整的线稿，待干后直接在墨水稿上渲染上水彩色。平涂法分出大的色彩块面积。②用铅笔画出工整的线稿，再用水彩平涂法分出大的色彩块面。在画局部也宜用平涂法。如果是铅笔线稿，则待画面干后再用直尺和针管筒笔将线条再次进行勾勒一遍。天棚、家具等可以用马克笔的线条及手法来表现，使其颜色更加的丰富与完美协调。

（3）彩色铅笔技法。彩色铅笔是效果图技法中常见的一种形式，彩色铅笔这种绘画工具较为普通，其技法本身也较易掌握，因其绘制速度快，所以空间关系能够表现得比较充分。

黑白铅笔画，画面效果典雅，彩色铅笔画，其色彩层次丰富，刻画细腻，易于表现空间轮廓造型。色块一般用密排的彩色铅笔勾画，利用色块的重叠，产生出更为丰富的色彩，也可用笔的侧锋在纸面平涂，涂出的色块由排列规律的色点组成，不仅速度快，且有一种特殊的类似印刷的效果（图2-2-7）。

图2-2-7　彩铅笔效果图

（4）钢笔技法。钢笔质感坚硬，线条表现流畅，画风严谨细腻。在透视图的表现中，除了用于淡彩画的实体结构描绘外，也可单独使用。细部刻画和面的转折都能做到精细准确，一般多用线与点的叠加表现室内空间的层次。

（5）马克笔技法。马克笔分油性、水性两种类型，具有快干、不用水调和，着色简单，绘制速度快等特点。马克笔的表现风格豪放、流畅，类似草图和速写的画法。

在一般情况下，马克笔要选水性的，而且要选择各个色系的灰色系列为好，有利于表现画面的丰富层次。马克笔在风格表现上偏于明，色彩偏于透明，主要通过各种线条的色彩叠加取得较为丰富的色彩变化。绘出的色彩不易修改，着色过程中需注意着色的顺序，一般先浅后深，马克笔的笔头是毛毡制成的，具有独特的笔触效果，绘制时要尽量利用这一特点。马克笔在吸水与不吸水的纸上会产生不同的效果。不吸水的光面纸，色彩相互渗透，形成五彩斑斓的效果；吸水的毛面纸，色彩易干涩，绘画时可根据不同的需要选用不同的纸（图2-2-8）。

图2-2-8　马克笔绘制效果图

（6）喷绘技法。喷绘技法表现其画面纸腻、变化微妙、有独特的表现力和真实感，是与画笔技法完全不同的一种表现形式，它主要以气泵压力经喷笔喷射出细微雾状颜料，以轻、重、缓、急的手法，配合专用的阻隔材料，遮盖不着色的部分进行作画。在绘制室内效果图时，往往需要多种技法的配合使用来表现效果图的设计艺术。

（7）计算机辅助设计。①电脑工程制图。用电脑来绘制工程图纸的技术已经得到广泛的推广。借助AutoCAD等软件，如天正建筑软件、AutoCAD2004~2009绘图软件等，都可以精确、方便地绘制出室内设计中所有的工程图纸。由于电脑制图具有精确、高效、易修改等特点，与手工绘制工程图相比具有不可比拟的优点。经过多次升级的软件版本已经达到非常成熟的程度，其运用领域已经远远超出工程制图的范围。随着互联网的普及，利用网络进行远程设计、文件传递可大大方便设计师的工作。②电脑效果图。用电脑来辅助室内设计另一项重要的工作，是利用三维软件来制作逼真的室内透视效果图。目前常用的三维软件有3DMAX及在AutoCAD平台上开发的透视图专用软件等。这一类的软件虽然有不同的特点和长处，但绘制效果图的基本程序还是相同的。一般用三维软件制作一张室内的透视效果图，都要经过如下过程：a.三维建模，即按照工程图的设计，将室内设计中的一些基本形体（如室内的空间、装修的细节、家具、灯具等）在电脑中建筑一个相应数字的模型，这个模型具有与设计师所设计的空间对象相应的尺度、形式、比例关系等，并根据设计师的要求将模型赋予表面材质，即在模型的表面编辑相应的色彩和材料，然后按照需要设置相应的角度灯光。b.图像渲染。在经过编辑表面材质、并设置了灯光的模型上，可以通过设置相应的相机位置，观察到室内场景的基本情况，但要获得具有逼真效果的透视图，还要通过软件的渲染，生成能表示相应材料、光影、质感和透视效果的室内效果图的图像文件。c.平面润色。在三维软件生成的图像文件的基础上，还必须用平面图像处理软件进行相应的处理和润色。利用Photoshop软件等图像后期处理、修改、添加，可以整理出一些三维软件不易完成的细节；并且对一些部分进行润色、修改，同时在画面呈现上做出一些艺术效果，才能使三维软件生成的室内透视图呈现出栩栩如生的画面效果（图2-2-9、图2-2-10）。

除此之外，还有就是动画漫游设计，近几年正在逐步扩展，动画漫游设计将人的视觉带入亲临其境，展现真实运动的场景，充分、生动地反映设计方案创意的真实性、生动性和艺术性。

图2-2-9 酒店大堂三维效果图

图2-2-10　会议室三维效果图

四、室内设计施工图设计阶段

室内环境设计施工图就是建造所用的实际实施图。它不同于方案设计，不能任意画，必须严格按照实际比例和尺寸，严格按照国家颁布的设计制图规范进行。应该墨线线条粗细分明、清晰完整，并有详细的设计说明、做法说明、构造大样图和造价预算等，使施工人员看懂弄清具体做法，送交工程总负责人，总建筑师等校对、校核、审定。至此，施工图设计工作基本完成。然后与甲方（建设单位）、乙方（施工单位）共同交底后方可开工，并在整个工程过程中实施监督、验收的工作。

（一）设计标准与规范

室内环境设计的标准与规范有其行业的标准定论，设计者只需在设计时遵循即可。

1. 室内设计施工常用图例

以下是室内施工常用图例（图2-2-11、图2-2-12）

2. 室内装修材料图例

以下是室内装修材料图例（图2-2-13、图2-2-14）

3. 室内电器专业图例

以下是室内电器专业的图例标准（图2-2-15、图2-2-16）

4. 室内设施专业图例

以下是室内设施专业图例（图2-2-17、图2-2-18）

序号	图例	名称	序号	图例	名称
1		钢琴	8		双人床
2		电视			
3		会议桌	9		壁橱
4		十人餐桌	10		洗衣机

图2-2-11　室内施工图常用图例1

序号	图例	名称	序号	图例	名称
5		四人餐桌	11		天然气灶
6		沙发	12		洗脸盆
			13		浴盆
			14		坐便器
7		单人床	15		小便器

图2-2-12　室内施工图常用图例2

材料		图例
石材	卵石砂	
	岩石　石头	
	碎石	
	石板	
	滑石　大理石	
	粗面大理石	
	天然石材或人造石材	
	粗石截面	
	人造大理石	
	水磨石面	
	毛石	
金属	钢、铁	
	铜、铝	
	钢丝网	
	金属　钢材	

材料		图例
人造板材	蜂窝板	
	大芯板	
	大芯板	
塑料	纤维玻璃（透明）	
	泡沫塑料 压层塑料	
	橡胶地板	
石膏板	单层或双层板	
纤维材料	装饰性窗帘 垂直窗帘（百叶窗）	
	单向（双向）	
	多孔材料	
	金属板网	
	草皮	

图2-2-13　装修材料图例画法1

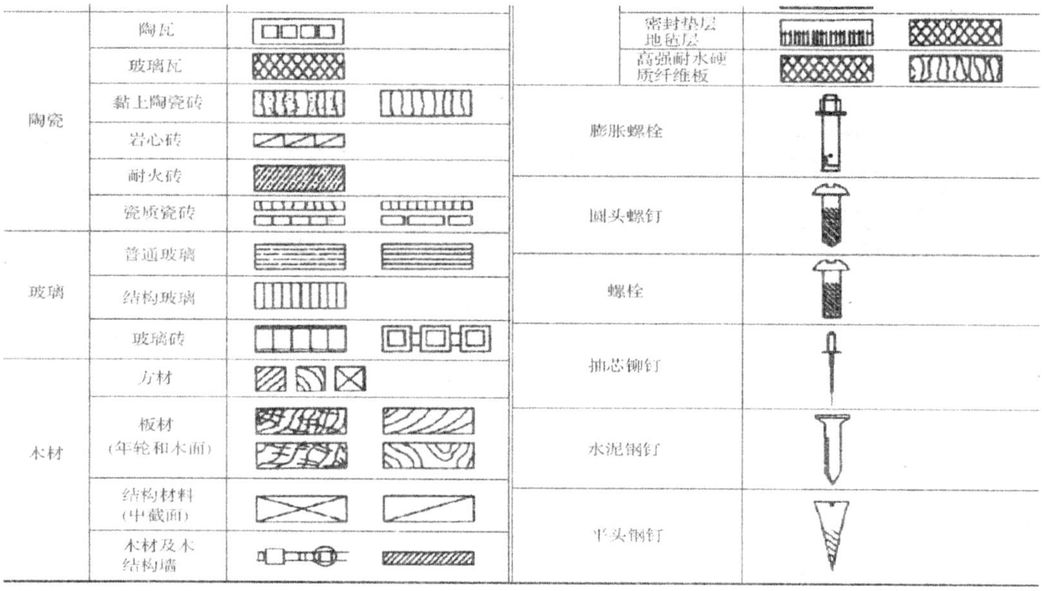

陶瓷	陶瓦	
	玻璃瓦	
	黏土陶瓷砖	
	岩心砖	
	耐火砖	
	瓷质瓷砖	
玻璃	普通玻璃	
	结构玻璃	
	玻璃砖	
木材	方材	
	板材（年轮和木面）	
	结构材料（中截面）	
	木材及木结构墙	

密封垫层 地毯层	
高强耐水硬质纤维板	
膨胀螺栓	
圆头螺钉	
螺栓	
抽芯铆钉	
水泥钢钉	
平头钢钉	

图2-2-14　装修材料图例画法2

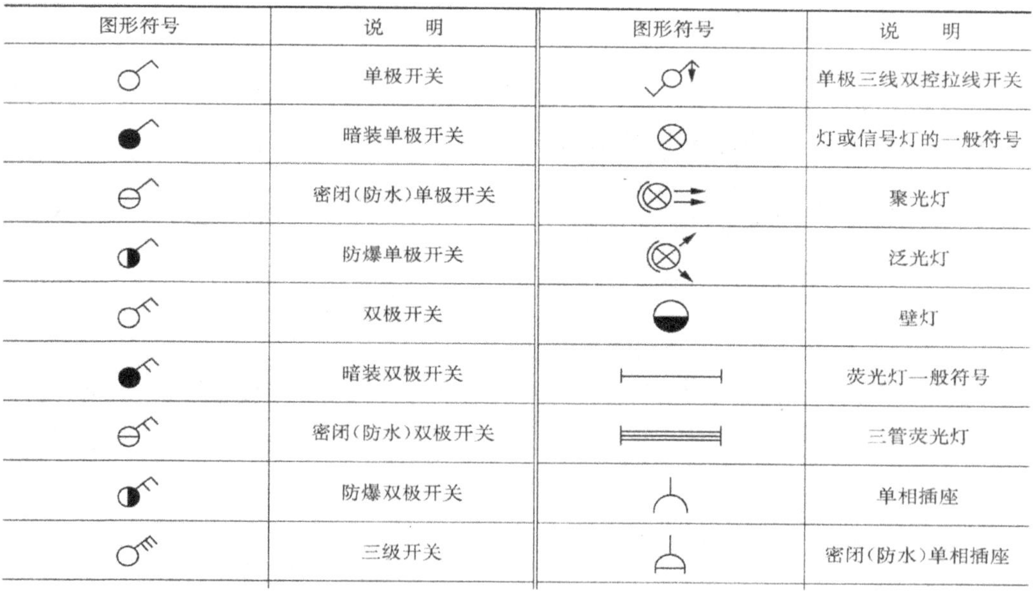

图形符号	说　明	图形符号	说　明
	单极开关		单极三线双控拉线开关
	暗装单极开关		灯或信号灯的一般符号
	密闭（防水）单极开关		聚光灯
	防爆单极开关		泛光灯
	双极开关		壁灯
	暗装双极开关		荧光灯一般符号
	密闭（防水）双极开关		三管荧光灯
	防爆双极开关		单相插座
	三级开关		密闭（防水）单相插座

图2-2-15　常用电气符号图例1

	暗装三极开关		带接地插孔的单相插座
	密闭（防水）三极开关		带接地插孔的三相插座
	联爆三极开关		密闭（防水）带接地插孔的三相插座
	单极限时开关		暗装单相插座
	单极拉线开关		防爆单相插座
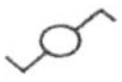	单极三线双控开关		断路器
	带接地插控的暗装单相插座		熔断器的一般符号
	单极开关		配电箱一般符号
	多极开关单线	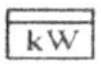 kW	千瓦小时表
	多极开关双线		变电所，配电所

图2-2-16　常用电气符号图例2

名　称	图　例	名　称	图　例
生活给水管	J	法兰堵盖	
热水给水管	RJ	三通连接	
中水给水管	ZJ	四通连接	
废水管	F	盲板	
污水管	W	管道丁字上接	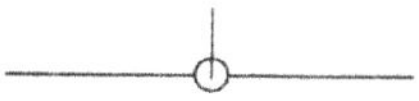
雨水管	Y	管道丁字下接	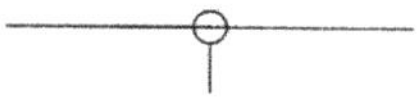
管道立管	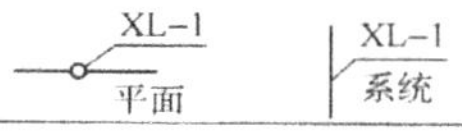 XL-1 平面　XL-1 系统	管道交叉	
排水明沟	 坡向	存水弯	

图2-2-17　常用排水符号图例1

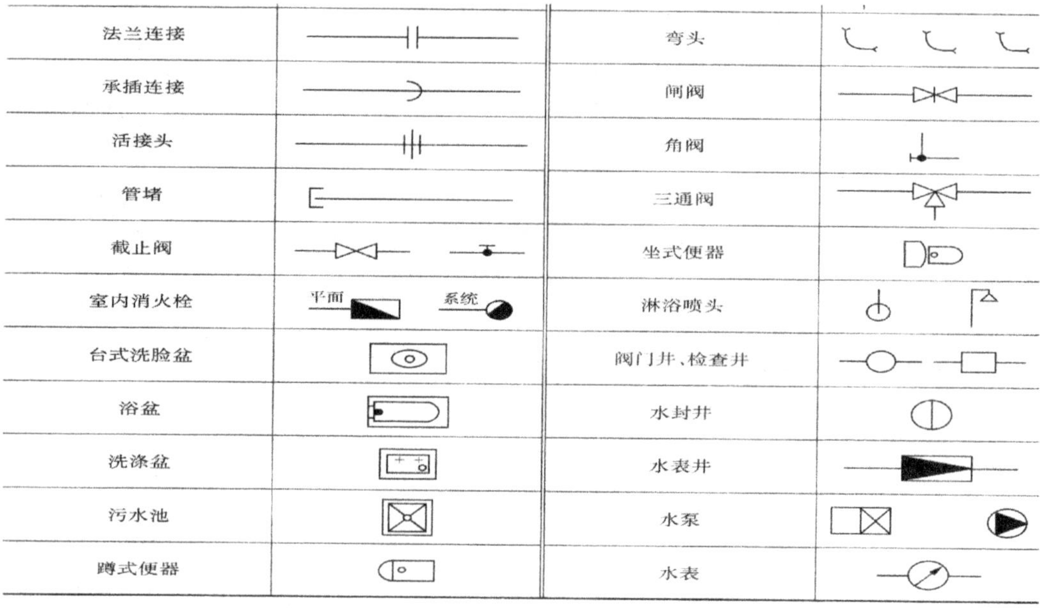

法兰连接		弯头	
承插连接		闸阀	
活接头		角阀	
管堵		三通阀	
截止阀		坐式便器	
室内消火栓	平面 系统	淋浴喷头	
台式洗脸盆		阀门井、检查井	
浴盆		水封井	
洗涤盆		水表井	
污水池		水泵	
蹲式便器		水表	

图2-2-18　常用排水符号图例2

（二）施工图深化设计

施工图深化设计就是在确定方案之后的扩大初步设计，进行可行性研究。所以扩初设计应是更深入的平面、立面、剖面设计图，它是为下一步具体实施做好充分的准备。应与城市消防、卫生、供电供水等部门深入研究确定调整后的方案设计图，提供给相关专业，以同时协调进行下一步工作程序。方案的确定，确立了实施的综合条件，就可以将平面图、立面图、剖面图及构造大样图图纸深化，进行施工图设计了。

共同与建设单位、主管部门确定方案，并做出方案概算造价量，提供主要材料样板。还要与其他专业通气、商讨、尤其是电器专业（弱电）与设备专业（给水与暖通）。

室内环境设计是建筑设计的延续、深化和发展过程，因而涉及面很广泛。在我国现阶段基本上是要经过方案设计、最初设计、施工图设计三个阶段进行。近几年我国与国际接轨，信息广泛而直接，这丰富了建筑环境艺术创作领域，使设计工作既快捷又清晰，也为我们今后的发展、研究创造了条件。

1. 施工图方案表现步骤

首先，绘制手绘设计效果图，一般手绘效果图表现有钢笔淡彩、马克笔、水粉、喷绘等表现方法，或者混合使用，可不拘一格地表现、发挥表现艺术魅力，以快速表达设计意图。绘出其基本平、立面布局和立体效果图（亦称渲染图、透视图、预想表现图）等。

再者，计算机辅助设计效果图，在1995年实现与国际接轨，现在已经基本完善计算机辅助设计，这样大大减少了重复的工作量。AutoCAD绘图、3DMAX渲染等软件方案设计，丰富了建筑艺术创作领域，这也是我们今后的发展和研究方向。

最后，综合设计方法，运用现代科技技能，如多媒体PPT、动漫演示（或是两者相结合）的现代技术手段，来展示设计作品方案，深化创意制作方案效果。

2. 施工图设计具体表现

（1）编制说明。一是设计说明，即对施工图设计有全面了解和认识。从环境使用功能到细节技术与艺术表达，都要尽量用文字表述出来。例如，设计依据、高度和级别，材料、标准和规范，消防、防火和设备要求等。二是针对做法的说明，做法说明是对工艺有全面的统计和施工做法的认知。例如，各界面的常规标准图选用、做法，门窗、家具、灯饰等材料的使用一览表，以及在本工程中的施工工艺修正等。

（2）绘制平面图（并附有总平面位置图）。平面图一般将功能与形式设计框架布置布局画出来。施工图设计的空间层次序列表达清晰、各个部分区域划分明确并强调重点空间详尽设计等。一般比例为1∶50为宜，总平面图可适当加大比例到1∶30~1∶100均可（图2-2-19）。

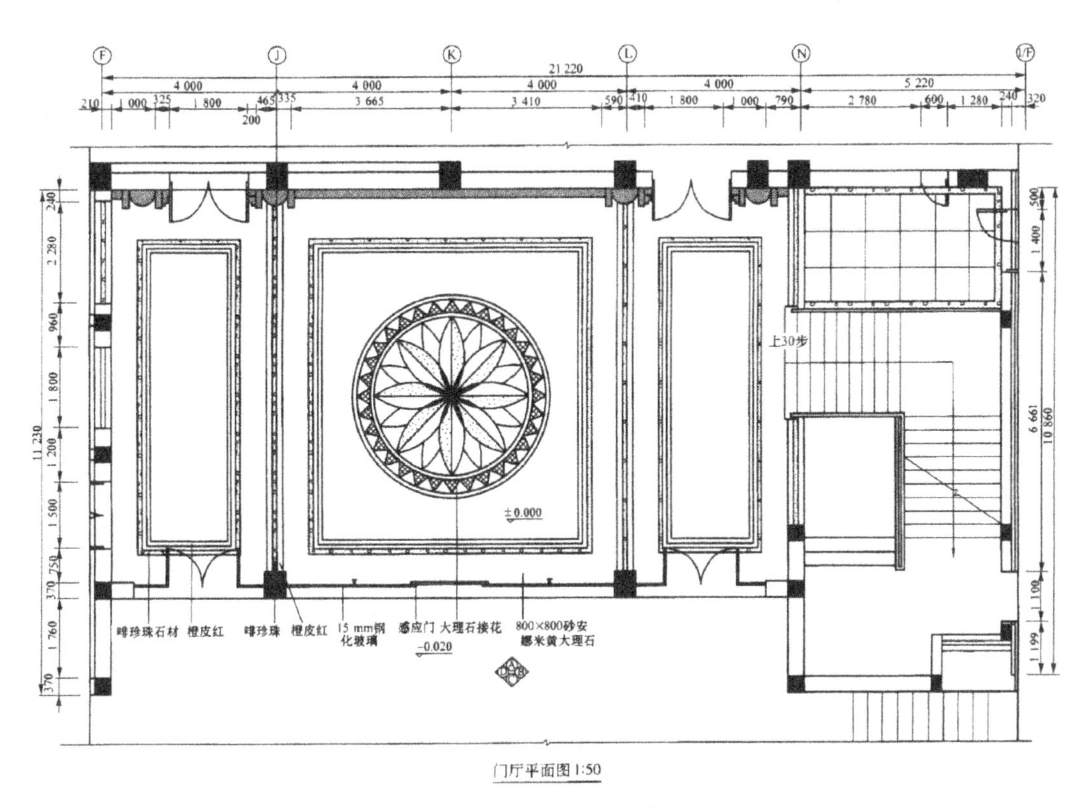

图2-2-19　门厅平面图

（3）绘制吊顶平面图（即天顶图、天花图等）。吊顶平面图是绘出空间的使用功能与艺术造型的变化、高低错落等，还有与建筑构件，如与柱面、大梁标高的准确尺寸关系等，电器灯饰、空调设备、消防设施等的安装尺寸、位置等具体要求。一般比例为1∶50为宜。

（4）绘制立、剖面图（一般是合而为一）。绘制立、剖面图是在平面图的基础上，画出立面艺术造型、标高尺寸、功能与造型等的关系。至少将四个立剖面（或者更多）逐一画出来，尤其是主要立面图纸要表达清晰。一般比例为1∶50为宜。平面图、立面图与剖面图例（图2-2-20、图2-2-21）。

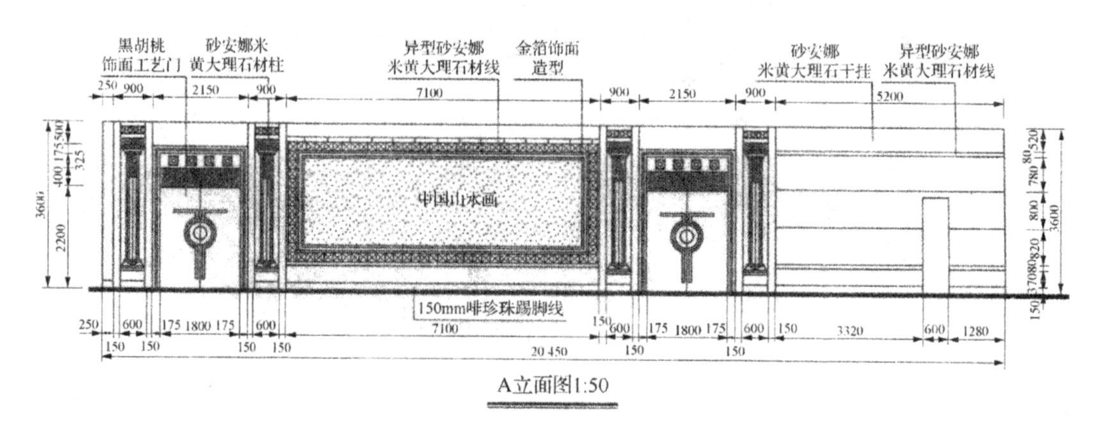

图2-2-20　门厅立面图

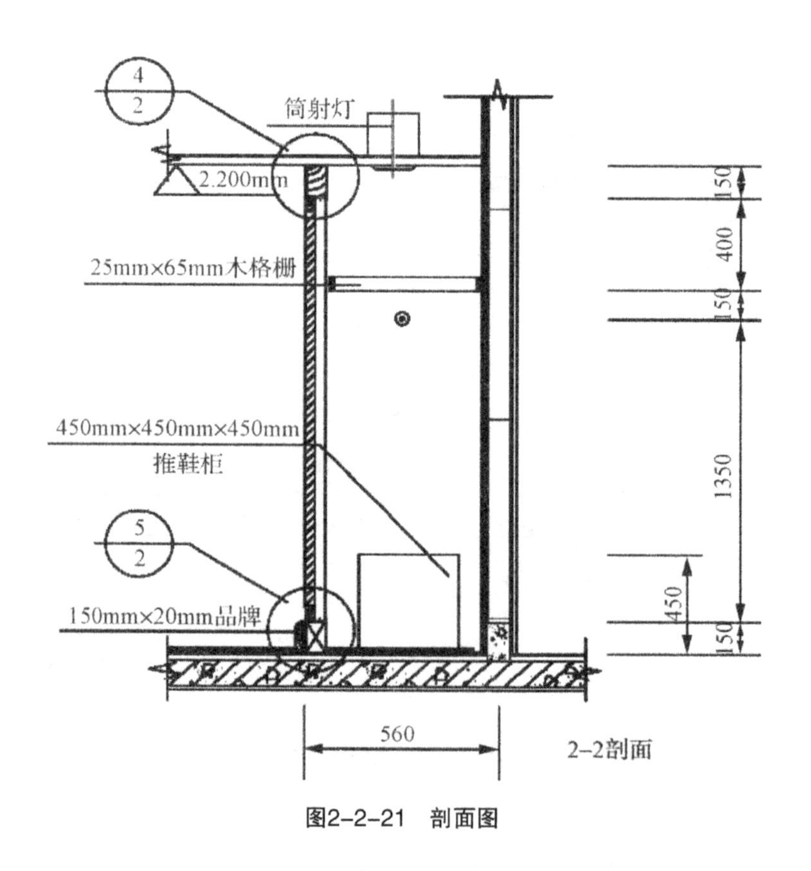

图2-2-21　剖面图

五、室内设计实施阶段

设计实施阶段也就是工程的施工阶段。室内工程在施工前，由设计人员向施工单位进行设计意图说明及图纸的技术交底；工程施工期间需按图纸要求核对施工实况，有时还需根据现场实况提出对图纸的局部修改或补充（由设计单位出具修改通知书）；施工结束时，会同质检部门和建设单位进行工程验收。

为了使设计取得预期效果，室内设计人员必须抓好设计各阶段的具体环节，充分重视设计、施工、材料、设备等各个方面，并熟悉、重视与原建筑物的建筑设计、设施（风、水、电等设备工程）设计的衔接，同时还需协调好与建设单位和施工单位之间的相互关系，在设计意图和构思方面取得沟通与共识，以期取得理想的设计工程成果。实施阶段主要为实际操作事项，在此就不多做附缀，在实践中出真知。

第三章　室内环境的界面设计与绿化设计

室内空间环境通常是由水平界面（地面、天棚）和垂直界面（墙面）围合而成。各界面的面积和形状直接影响室内空间的体量，各界面的艺术视觉效果和各界面之间的关系，以及室内整体环境设计。室内的三大界面形成室内的衬景，烘托出实体环境的设计形态，加之人的活动参与，使室内空间充满生机。

在室内环境中进行绿化设计，将会给长期生活和工作在室内空间的人们带来更多自然界的生机。现代化的建筑，越来越多地采用非原质、非传统的材料，而室内设计中所能选用的自然装饰材料也越来越少。特别是进入了微机时代装备的空间，更强化了“非自然”的人工创意和人造环境。于是，人们开始呼唤“绿色设计”、“健康设计”的回归。在室内设计中引进自然的绿化景观，嗅其沁香，观其绿意，便成为室内设计重视的内容。

第一节　室内环境的界面设计

一、室内环境设计的界面要素

整个室内空间是一个完整的有机体，其各个界面及每个界面的具体装饰设计，均要服从室内的总体策划和设计定位，要充分考虑它们个体特征与室内整体面貌的内在关联性，注重装饰形式的变化与统一。

（一）天棚

天棚是顶界面，具有一定的高度，通常情况下是不可触及的界面。在室内空间中，天棚又称为天花、吊顶。尽管天棚不能够随时与人们贴近，其使用功能不及地面和墙面。但由于天棚处于顶部这一特殊位置，除了本身作为一个界面所具有的覆盖感之外，它的高低能够直接确定室内墙面的高度，即限定空间竖向尺寸的特定功能。空间的竖向尺寸以及天棚本身的形式变化，都会对人的心理产生一定的影响，这便促成了天棚界面在审美视觉心理方面起到的重要作用。

天棚的主要功能在于能够遮盖其下方空间的物体，从而形成一种心理上的安全感。同时，在现代室内设计中，随着科学技术及人本精神的发展，人们越来越重视室内空间的综合环境质量，因而大量的物理环境改善设施被用于室内装饰设计中。例如，空调系统、通风系统、烟感报警系统、消防喷淋系统、综合照明以及其他强弱电系统等，而这些系统的部分设备、管道、管线都需要隐蔽于天棚界面之上，以力求美观，因而天棚又具有了新的功能（图3-1-1）。

图3-1-1　形式与功能相结合的天棚设计

（二）地面

地面是室内设计中界面的主要组成部分之一，它以其平整的基面限定出空间的地面范围。作为各类室内活动和家具器物摆放的载体，它必须具有牢固的构造和耐磨的表面，以保障足够的安全性和耐久性。

地面的牢固程度是由建筑构造保障的，其结构配比在建筑设计阶段进行过缜密计算，通常情况下已经充分考虑过其正常载荷。当然，这并不意味着就可以肆无忌惮地增加其单位面积荷重。我们在进行装饰设计时，要适度考虑较重物体的重量分散。而对于根据装饰阶段的需要新增加的地面，如地台、夹层楼板等，无论是采用钢混结构、钢结构，还是木质结构，都需要认真计算其承载能力，同时还要考虑建筑体（墙体或柱体）的承载能力，以确保新增加地面的重量不会对建筑安全构成威胁。

地面是与人们最为贴近的室内界面，地面的装饰效果直接影响室内的整体环境，因而装饰阶段的地面处理，更重要的是考究其色彩、图案、材料质感的装饰处理，既需要满足人们使用功能上的要求，又要满足人们精神上的追求和享受，达到适用、美观、舒适的效果（图3-1-2）。

图3-1-2　地面材质与形式的功能性、审美性的结合

（三）墙面

墙面是室内空间垂直方向的界面。墙面的围合与天棚和地面的结合，形成了完整的室内空间。从根本上讲，墙体有承载建筑构造的作用以及围合、间隔室内空间的作用。在传统建筑中，墙是建筑的主要承重部件，尽管钢混结构的大量应用使得柱子成为建筑承重的主要构件，而墙体的承重作用依然不容忽视。墙面在室内空间中起到围合与间隔的作用，而围合与间隔是辩证统一的关系，围合即是间隔，间隔也是围合。室内空间的外围墙面的围合形成了室内与室外的间隔，内部的小范围的墙面围合又将内部空间间隔开来，而形成了新的小围合空间。

墙面以其实体板块形式的差异，通过不同距离、不同形式的组合，分隔出完全不同的活动空间，成为划分空间（区域）的主要手段。而这种空间划分，要视空间功能要求而定，根据不同的私密性和开放性要求，采取相应的间隔或围合形式。

墙面和人的视线垂直，是人的视线经常触及的地方，在人的视域里占优先位置。而且，墙面的面积在三大界面的总体面积中占有相当大的比重，所以墙面设计在室内设计中处于重要的装饰位置。墙面的装饰效果要与空间的整体格调和谐，应充分考虑空间的功能性质，并以此为前提选择适宜的墙面的形式、材质、色彩，从而营造出良好的空间氛围（图3-1-3、图3-1-4）。

二、室内环境界面的设计要求

（一）反映出不同功能的室内环境界面设计特点

室内设计要与建筑的特定要求相协调，功能不同的建筑要有体现其功能特点的室内界面设计。室内界面设计要体现建筑本体功能性质的要求，界面设计的特点与建筑本体功能性质是有机联系的，不可简单割裂。有些不同功能的建筑内部空间，往往存在使用功能相近或相同的功能区域和功能空间，所以在设计中也不能一概而论。例如，住宅和宾馆都有居住、休息的功能，但不可以进行简单的同一处理，必须区别对待。住宅是人

图3-1-3 淡雅的米色调乳胶漆墙面与明净的玻璃营造出清新高雅的办公气氛

图3-1-4 不同质地墙面材料的结合

们长时间的居住生活处所，而宾馆是人们短时间停留的地方，同时是具有经济功能的场所。所以，住宅室内界面设计应偏重自然质朴，室内的线条、色彩、质地及空间尺度等要进行柔性处理；而宾馆的室内界面设计，则要适度追求豪华、富丽、色彩丰富。

（二）根据使用对象的审美特点设计室内环境界面

室内界面设计要以建筑的使用性质为根本，在总体艺术效果协调的基础上创造富有个性特点的室内环境气氛。任何一个功能空间都是建筑整体不可分割的一部分，建筑内每一个独立的空间都要以总体的格调为依托，但这并不等于千篇一律。装饰空间的目的在于在其被使用的基础上，更能够满足使用者的心理需求。因而室内界面设计要注意使用对象的审美变化，根据不同 空间的使用对象的年龄、性别、职业、兴趣爱好、文化背景等个体差异，进行具有个性特征的界面设计。

例如，居室设计中有成人居室、老人居室、儿童居室。儿童居室又可分为男童居室和女童居室。不同类别的人有不同的个性特征，因而我们不能用同样的设计来对待他们，而是应该有针对地采取不同的设计手法，营造出或稳重老成或幼稚天真的室内气氛，以塑造适合使用者的个性空间。离开了这一点，无论使用多么奢华的材料、多么新奇的手法、多么优美的构图，都不可能设计出成功的高品位室内界面（图3-1-5、图3-1-6）。

（三）利用视觉规律设计室内环境界面

视觉感知是人类获取外部信息的主要形式之一。在长期的认知实践中，视觉信息与心理的反复作用形成了视觉信息与心理影响之间的内在联系，从而产生了视觉规律。我

图3-1-5　沉稳素雅的成人居室

图3-1-6　天真活泼的儿童房设计

们在进行设计时必须掌握外界信息对观感者心理所能产生的潜在影响，巧妙地利用视觉规律对所设计的空间进行调整，从而使它达到更好的使用和观赏效果。

一般的空间设计中，区域的规划是影响视觉规律的直接因素，而各界面的装饰处理同样具有不可忽视的作用。通常室内空间通过色彩的配置，图案、线型的处理，材质搭配，灯具造型、灯光明度的选择等，使空间界面丰富多彩、完整统一、富有特性。例如，某些商业建筑墙面采用镜面装饰，使局促的拥挤空间产生开阔延伸感；一些商场地面的图案与柜台的布置式样暗示出行走流线；还有一些场所用鲜明的色块，明亮精致的壁灯暗示楼梯口的位置等（图3–1–7）。

图3–1–7　形式独特的楼梯拐角

（四）利用装饰材料的质感和色感设计界面

装饰材料的质感和色感会对人们的心理产生一定的影响。运用不同质感的材料塑造空间界面，不但可以制造不同的情感氛围，同时还会增强空间的功能和审美效果。

质感粗糙的装饰材料表面给人以粗犷、浑厚、稳重的心理感受，反之则给人以细腻、精致、纤细、微弱的感受，这在体现空间使用特性和空间个性时有很强的表现力。另外，在质感处理上要注意质感均衡的问题。一般情况下，大空间宜用粗质感材料，近人的小空间宜采用细质感材料；大面积墙面用粗质感材料，重点装饰的墙面选用细质感材料。

质感的变化还应与色彩的变化均衡相称。一个空间里，如果色彩变化多，材料质感变化就要少；反之，如果色彩变化不丰富，那么材料质感变化要相对多一些（图3–1–8）。

（五）要注重整体环境效果、坚持经济实用的设计原则

任何事物都是由局部所组成的整体，尽管整体不等于部分简单的叠加，但事物局部的性质或特征的变化，必然会对事物整体的效果产生一定的影响。就室内空间这一有机整体来说，其各个界面的装饰效果直接影响整个室内环境的效果。因而，在个体界面设计时必须通盘考虑，要在保障整体效果的范围之内适度加以界面的个性化处理，个性化处理的结果要符合整体设计定位的统一。取得效果统一的手法很多，可借助于色彩、质感或装饰形式的变化与统一规律来体现。一个好的室内装饰作品应该是变化与统一的完美结合，使室内气氛既不单调，又不混乱。

在室内设计中，应准确理解“美”的内涵，不能把“奢华”与“美”混为一谈。镶金嵌银、珠光宝气的装饰设计有时不仅不会产生美感，反而会产生庸俗感，乃至令人反感。同时，奢华的装饰必然是以耗费重资为代价的，其做法有悖于装饰之本意。设计师

图3-1-8　墙、地面不同材质和相近色彩的结合形成统一而又丰富的视觉效果

不论设计什么档次的室内界面，都应掌握一个原则：在同档次中，投入最少的资金，做出最好的设计，反映出最佳的设计文化品位。

（六）要充分考虑界面的装饰因素与技术性因素的相互配合

在室内空间的界面设计中，当选用不同的装饰形式、装饰手段时，必须要充分考虑房间构造的坚固程度。一味地追求装饰而忽略构造的安全技术性，势必将遗留安全隐患，降低安全系数，这种装饰结果往往适得其反。此外，设计还要考虑到具体实施中的施工难易程度。如果轻易地增加施工难度，一方面会造成人工的额外耗费，进而增加工程造价，另一方面可能会使得完成结果不能达到预期效果。

总之，室内空间的设计要在考虑美感的基础上，加强装饰因素与技术性因素的结合，充分考虑构造安全、施工便利等实际问题，从而真正成为以人为本的可行性界面设计。

三、天棚的设计概念与审美特点

（一）天棚的形成

天棚是在楼板和屋顶的底面形成的。天棚的设计目的在于掩饰粗陋、冷漠的原建筑楼板和原始屋顶的底面，形成更亲近人的天花。

天棚的形式和材料类别多种多样，制作方式也存在着差别。其应用要根据环境的功能性质和空间的具体情况而定。

吊装方式上，天棚可以直接和室内结构框架连接，或者在结构框架上吊挂。一般情况下，吊装方式的选择由材料的特点、空间高度以及天棚内隐蔽的管线设施的数量和体积决定，后两者尤为重要。

（二）天棚的高度对空间尺度有重要的影响

天棚的高度直接限定了墙面的高度，决定了空间的纵向延伸度。而空间的纵向尺度又会影响人们的心理感受。在一个完整的室内空间中，通过局部空间天棚高度的变化，有助于确立空间的边界感，强化功能分区，增强室内装饰的气氛。

天棚的高度会形成空间或开阔、崇高，或亲切、温暖的感觉。它能产生庄重的气氛，当整体设计形式规整化时更是如此。当天棚凌空高耸时，会给人形成纵向的空旷感和崇高感。而低天棚设计会表现出隐蔽保护作用，使人有一种亲切、温暖的体验。但天棚的高度也不能因此而随意处理。天棚高度的确定必须与空间的平面面积、墙面长度等因素保持一种协调的比例关系。比如，如果空间的平面面积很大，而天棚高度相对较低，那么其结果将不会是亲切、温暖，而是压抑、郁闷的（图3-1-9）。

图3-1-9　低天棚小空间更添了亲切氛围

（三）天棚的色彩设计

天棚的空间位置，决定了对空间高度的影响，而其色彩设计更是决定着审美主体的心理感受。天棚的色调选择要根据空间的功能性质，冷色调的天棚显得空阔，适用于办公系列空间；暖色调的天棚亲切温暖，尤其适合家居、餐厅空间选用（图3-1-10）。

冷暖色调的运用，需要设计者有很好的色彩控制力，如若冷暖倾向控制不当，则很有可能使人形成紧张和焦躁感。因而，通常情况下，除了娱乐空间之外的其他空间的天棚色彩设计，大多可以采用中性色为主调，局部配以一定的冷暖色彩变化。这种做法能够保障天棚的稳定感，不会对人的心理产生负面影响。

（四）天棚的图案设计

天棚的图案设计形态，构成了室内空间上部的变奏音符，为整体空间的旋律和气氛奠定了视觉美感基础。

比如，线形的表现形式具有明确的方向感；格子形的设计形式和有聚点的放射形式均能产生视线向心力和吸引力；单坡形的天棚设计引导人的视线向上伸展，直至屋顶，如有天窗则更能引发人们的意趣和向往；双坡形的天棚设计可以使注意力集中于屋脊中间的高度上和长度上，具体要看暴露出的结构构件走向而定，它会产生安全心理感受；中心尖顶的天棚设计给人的感觉是崇高、神圣，引导着人们的视知觉走向单一的、净化的境界；凹形的天棚设计会使一个曲面与竖直墙面产生缓和过渡与连接，给围合空间带来可塑性与自然宽容性（图3-1-11、图3-1-12）。

图3-1-10　暖色调天棚下温馨的就餐气氛

图3-1-11　具有包容之感的凹形天棚

图3-1-12　连贯的墙界面、天棚界面设计

（五）天棚的设计作为一种功能的部件显现着独特的功能

天棚的设计既能影响空间的照明、声效，也能影响使空间变冷或变暖的物理能量问题。

天棚的高低及其表面的形式特质影响到空间的照明水准。由于天棚上并不常布满各种部件，所以当天棚平整光滑时，它就成为有效的反射面。当光线自下面或侧面射来时，顶棚本身就成为一个广阔的柔和照明表面。

天棚是房间内部中最大的而又占用最少的界面，所以其形状设计和质地显著地影响着房间的音质效果。大多数情况下，当空间中其他部件和表面都是吸音材料时，如选用光滑坚硬的天棚表面材料，会引起反射声或混响声。在办公室、商店、旅馆，由于需要用附加的吸音面减少噪音的反射，所以经常选用吸音型天棚材料。当空间的回声在两个平行的不吸音表面之间来回反射时，便会产生声波颤动，如一个平坦的硬质天棚直对坚硬的花岗石地面。穹隆顶和拱顶会聚成声焦点，强化回声和颤音，减弱颤音的办法是增加吸音表面，或者改变天棚表面平整、单一的结构（图3-1-13）。

在冷暖气流方面，高的天棚设计会使房间中的暖气流得以上升，同时使冷气下沉至地面。这种空气流动方式使高顶棚空间在暖季舒适愉悦，而冷季则难以加热室温。相反，低天棚空间聚积热气流，较易升高室温，但在热天可能会感到不舒适。

图3-1-13　天棚的异型结构有利于声效的调整

四、天棚设计的主要分类

（一）居住室内空间的天棚设计

居住空间是人类需求量最大的建筑室内空间。人类在长期适应自然并改造自然的过程中，为自己创造了丰富多彩的居住建筑类型。居住空间是个体化空间，它应该最大限度地满足使用主体的需求。使用主体的需求则受到使用主体的个体因素及社会因素的制约。个体因素主要是因使用者所处的社会环境、所崇尚的民族风俗、所遵循的生活习惯，以及其受教育程度、职业特点、业余爱好等条件形成的个体差异；社会因素主要是社会的整体文化氛围、社会经济技术条件等现实差异。因此，使用主体的需求也就决定了住宅天棚设计的千变万化。

1. 从使用功能的差异分析居住空间天棚设计

使用功能的差异对天棚的设计有不同的要求。

卧室是供人们睡眠休息使用的房间，要求宁静和有较好的私密性。其天棚设计一般以淡雅宁静和平滑舒展的造型为主。色彩以温馨亲切为主，当然还要结合使用者的具体情况进行综合考虑。

起居室是一家人日常生活共聚的场所，大多数情况下兼有会客、视听、娱乐等功能。其天棚设计就相对讲究装饰性，以体现家庭生活的温馨和活泼气氛。明亮的色调能创造出活泼亲切的气氛，而过分豪华的装饰和材料堆砌会给人以压抑感（图3-1-14）。

图3-1-14　起居室天棚设计

餐厅可以和起居室设置在同一顶棚下，而空间较大的情况下则可以独立设置。其装饰力度一般不必过重，一盏精美、个性的垂吊灯具也不失为得体的装饰点缀（图3-1-15）。

图3-1-15　餐厅天棚设计

儿童房则应该体现儿童的天真烂漫，不妨在天棚上悬挂一些饰物或玩物，或用金属、木质格片设计成透空性暴露结构，便于孩子悬挂心爱之物。但对于儿童房的设计来说，因儿童天生的顽皮好动，故安全因素尤为重要。

书房应该设计得清静而又富有高雅情调，天棚形式以简洁为宜。

厨房、卫生间的天棚设计一定要达到防水、防火、通风以及有利于清洁卫生等功能的要求。现代化的住宅及宾馆的卫生间天棚，往往因设备管线维修的需要而制作成活动形式或可拆装形式。

2. 从地理环境的角度分析住宅空间的天棚设计

不同地理环境的区域，其气温和空气湿度存在很大的差异，这也是天棚设计所应考虑的因素之一。例如，我国南方地区由于夏季气温较高，空气湿度较大，应注重解决室内空间的通风问题。可以利用天棚的高低变化及风口的设置来组织穿堂风，以起到降温除湿的作用。而北方寒冷地区的住宅，则多做成封闭的天棚来保持室温。此外，合理地处理室内保湿隔热也是天棚设计应注意的功能性设计之一。

3. 从居住空间所属的不同建筑类型分析居住空间的天棚设计

居住空间有独立式、多层和高层公寓式及集体宿舍式等类型。多层和高层室内空间因受到建筑层高的限制，天棚的建筑标高较低，在设计天棚时往往要从材料的色彩、质感和灯光的设计配置来取得小变化与大统一。此外，还可以适度进行一些简单的层次变化或线角的装饰，但不宜做过多繁琐的设计处理。

色彩的处理在小居住空间里显得尤为重要。低明度色彩犹如远山，具有距离感，用它来粉饰天棚能产生一定的延伸感。在住宅卧室、旅馆客房和医院病房，多采用各种调和的灰调，可以获得柔和宁静的气氛。此外，色彩的选配还要注意与整个室内环境相协调和相互衬托，在同一房间内，从天棚到墙面、地面，色彩明度宜从上到下渐趋趋深暗，这种变化能扩展视觉空间，增强空间的稳定感。

值得注意的是，居住空间中天棚的设计要配合环境气氛的需求，切忌盲目追求繁琐的装饰，以免把居室的主人，即美感的体验者束缚在沉闷的高级牢笼之中。

（二）旅游室内空间的天棚设计

旅游室内空间包括酒店、饭店、度假村等，其发展是人们收入水平增长和消费意识提高的必然结果。旅游室内空间是人们休闲度假、情感交汇的场所，其设计除了要满足基本的使用功能之外，还要体现一定的文化内涵。旅游空间的风格定位，通常都有一定的文化定位，要反映民族特色、地方风格、乡土情调或体现都市的风情。所以，旅游室内空间的天棚设计体现着各异的文化气息，装饰形式变化无穷。

1. 大堂空间的天棚设计

大堂是公共建筑的门户空间，是整个室内空间风格的集中体现。大堂的天棚设计首先要考虑空间的平面分区，其块面的分割要同地面的功能布局相呼应。相对于不同功能的局部空间，可以适当采用不同的装饰形式来强化功能布局的区域性。比如，在中心休息区位置，可以组织结构相对复杂、层次变化丰富的天棚设计（图3-1-16）；在大堂酒吧位置，可以进行天棚的局部下沉变化，或适度的情调化处理；而对于通道区域，则可以采用简单的平顶，或优美的流线形式，以增强导向性。

大堂通常是较大面积的开敞空间，所以天棚形式组织以及天棚表面的附件安排要保持一定的秩序性。在进行天棚的装饰设计时，要同安装工程设计相协调，一般情况下，要求安装设计在符合规范要求的前提下，配合装饰效果的体现；而在安装工程无法调整时，则天棚的装饰设计必须灵活变通。总的要求就是天棚面上的灯具、风口、检修口、喷淋头、烟感报警等，既要能够按要求实现其使用功能，又要排列美观，有助于整体装饰效果的美化。

大堂天棚材料的选择，主要是使用轻钢龙骨纸面石膏板。局部可以根据空间的风格定位，尽量使用同一风格的装饰材料，以烘托氛围。例如，用尊贵的红木体现华贵的中国传统风格，用轻盈的竹编体现隽秀的江南风情，用白钢和明净的玻璃组成的采光顶，体现爽朗、清新的现代气息等等（图3-1-17）。

图3-1-16　酒店大堂休息区天棚设计

图3-1-17　酒店大堂明净的玻璃采光顶棚

2. 餐厅空间的室内天棚设计

餐厅的设计要点是营造轻松舒适、环境幽雅的就餐气氛。

普通中小型餐厅的天棚设计，不需做过多的装饰形态表露。采用较为明快的暖色调，给人以舒适的感觉，要避免浓妆艳抹、灯红酒绿的庸俗设计。在组织有序的坡屋顶结构下悬挂一些简单的彩带、灯饰，或在平滑的天棚上镶嵌一些漫步式的筒灯，再配以迷人的灯光与背景音乐，以形成高雅的就餐情调。而具有浓厚地域文化背景和特征的装饰形式与色彩，更能够强化餐厅的独到品位（图3-1-18）。

图3-1-18　天棚的异型结构有利于声效的调整

大餐厅的天棚设计还需要注意整体空间的连续性。天棚的造型与装饰不宜变化太多，藻井天花配以吊灯显得壮丽气派，满天星式的天棚设计则显得素雅明快。为避免单调，可在平滑天棚上做一些圆形的凹面，或用连续的曲线变化形成高低渐变的灯槽，在槽中配以灯饰来形成自由活泼的气氛（图3-1-19）。

图3-1-19　统一、连贯、自由、生动的餐厅天棚设计

3. 休闲娱乐空间的天棚设计

休闲、娱乐室内空间的天棚设计，具有最广阔的创造空间，无论在形式的安排上，还是在材料的选择、色彩的搭配上，但凡是与其格调定位匹配的设计要素，都可以运用。

天棚装饰造型的形式组织上，主要是依据空间的动静特点进行设计。例如，对于格调高雅的酒吧来说，不能缺少“静”的特点。其天棚形式必须相对规则、均衡，适度的优美曲线也会增强其舒展、优雅之感。而过于强烈的对比形式，则会破坏酒吧的静谧气氛（图3-1-20）。

又如喧闹的迪厅，其激烈的气氛要求天棚的设计体现随意、狂热的特点，因而，其形式不拘一格；如造型曲直方圆的墙面对比、造型走向的矛盾冲突、层次的跌落起荡、装饰物的凌空悬挂等形式和手法，都适用于迪厅天棚的装饰。当然，迪厅天棚还可以使用裸露的楼板与局部吊顶相结合的设计效果（图3-1-21）。

图3-1-20　自由弧线天棚使酒吧更具舒展、从容之感

图3-1-21　简洁而富有动感的天棚形式

休闲、娱乐空间天棚材料的选择，要将材料的固有属性和性格特征结合起来考虑，看其是否与环境的功能性质相匹配。例如，桑拿房洗浴空间的天棚材料，首先要具有很好的防潮性能，以延长其在高湿度蒸汽环境下的使用寿命。桑拿浴室作为一个休闲活动场所，本身具有一定的消费层次，一般采用铝塑板、金属类装饰天花板材更加适宜。

（三）商业室内空间的天棚设计

商业室内空间的界定范围极广，从小小的售货亭到大型的百货商场、商业街、购物大厦等各种形态。随着时代的变迁，社会经济文化的发展，以及人们消费意识、消费水平的提高，商业环境有了更为综合性、广阔性的发展。越来越多的商业空间改变了单纯的商品销售的功能，向涵盖休闲娱乐、餐饮等功能在内的人性化综合空间发展。

商业室内空间的天棚因经营商品的种类、范围、规模、性质不同，而应采用不同的设计形式与风格。

例如超级市场的天棚设计，其天棚设计形式通常比较单一。由于超级市场货品繁多，而货柜的陈列更是在很大程度上局限了空间，因而天棚的设计需要有一定的高度，以使空间显得空阔，减少顾客的压抑感；同时，空旷的空间也便于空气的流通。人流量大是超级市场的一大特征，安全和消防问题不容忽视。因而消防、通风、空调等各类设备一般都是安装在顶棚之上，顶棚的设计必须便于其维修和维护。目前，超级市场的顶棚设计大多采用块状活动吊顶，一方面便于拆装，另一方面也经济适用。而采用块状矿棉板吊顶，更能够保障超级市场的消防安全。当然，在超级市场中也可以不进行吊顶，只是对原建筑楼板底面和各类设备的管件进行一些简单的美化处理。

大型的购物商场，尤其是经营高档衣物、皮具、化妆品、珠宝首饰的商场，或者是商场中这类商品的专区中，环境的设计要具有高雅的格调，以衬托出商品的高档性，也便于形成良好的购物气氛。在大型购物广场中，由于其多为开阔空间，故墙面界面所占的比重较小，且很大一部分都被展架遮盖；地面除了通道之外，大部分面积也被展架覆盖。因此，商场购物的气氛主要靠柱子、展柜、天棚来烘托，而其中，又以天棚的面积最大，所以天棚的作用是不容忽视的。在天棚具体的设计中，要根据商场所经营商品的类别、特征来进行个性化设计，体现不同商品的特点。商场的公共空间（如通道）则一定要具有连贯性、统一性。天棚设计还要与整体空间的流程组织相吻合，具有辅助的导向作用（图3-1-22）。作为一个基面，天棚要便于灯具、通风口、各种摄像头、指示牌的安装。此外，吊顶设计应易于拆装，以便于设备检修。

图3-1-22　具有一定导向性的商场天棚

其他小面积的商业空间，如专卖店和精品店的天棚设计，最为灵活多变。相对少的商品种类，使得其装饰设计风格的针对性有所加强。天棚的设计可以围绕主要产品的特点展开构思，采用与产品特征相关联的吊顶形式和色彩，形成高度统一的环境氛围。小面积商业空间的天棚设计，对设备检修的预留要求相对要低一些，但要适度考虑（图3-1-23）。

图3-1-23　精品店天棚设计

总之，商业室内空间的天棚设计，要随时代发展、科技的进步而不断调整设计的功能作用与审美，尽可能在天棚设计中体现时代感，采用轻质、高强、富有质感魅力的材料来装饰天棚。简洁、明快、富有审美个性和特色，能适应不断变化的功能需求而又注重安全防护，应成为商业室内空间天棚设计的要点。

（四）办公室内空间的天棚设计

办公室内空间是员工工作的场所，其环境的优劣在一定程度上影响着员工的工作效率。因而其空间设计在满足基本使用功能的基础上，应尽力考虑环境的美化。办公室内空间的天棚设计，要根据各办公分区的重要程度，进行主次明确的形式设计。在重点区域同样根据需要采取形式各异的天棚设计。

1. 集体办公区域的天棚设计

办公环境追求简洁明快，在开敞式的集体办公区域，天棚的形式不宜进行复杂的设计，通常采用平顶，以避免浮躁的形式影响员工的心情、干扰员工的注意力。天棚大多选用块状硅钙板、矿棉板等经济实用的材料。在设计时，应将规格板进行预排，确定整体的板块分布，并对灯具、烟感报警，尤其是消防喷淋头的位置进行合理规划，避免各种设施与吊顶龙骨之间发生冲突，从而减少不必要的损失，并能够更大限度地体现整体装饰效果（图3-1-24）。

2. 主管室、经理室、接待室、会议室的天棚设计

在办公环境中，主管室、经理室、接待室、会议室属于重点区域，是着重设计的空间。主管室和经理室的天棚设计简繁均可，比如，大面积的采用纸面石膏板平顶，而局部进行简单的上翻造型处理，会使天棚显得简单而又具有现代感，从而体现出空间使用者的直率、精干；接待室作为公司会客之处所，更要体现出公司的企业文化，天棚的设计应该让人感觉亲切宜人，适当的复杂设计可以彰显公司的实力；会议室的天棚设计一定要满足人们开会时对光照度和宁静氛围的要求，其造型的组织要舒缓平稳、简洁高雅（图3-1-25）。

图3-1-24　办公区域的天棚设计

3. 前厅及走廊的天棚设计

前厅的天棚设计要根据其空间的面积，在小空间中一般不用做过多的造型变化，应以简洁为宜。走廊的天棚设计要考虑其导向性，在高档的办公空间中，可以考虑走廊天棚的造型变化和个性处理。而更重要的是，走廊天棚的造型要考虑构造的合理性。一般来说，现代办公空间的走廊比较长，这种情况下，吊顶很容易出现裂缝。为此，可以通过造型将天棚分成几个段落，这样既能够避免天棚的不规则断裂。同时又能改变天棚单调、呆板的状态。其形式若能与墙界面造型相互呼应，效果更佳（图3-1-26）。

图3-1-25　构造简单的下沉式会议室天棚

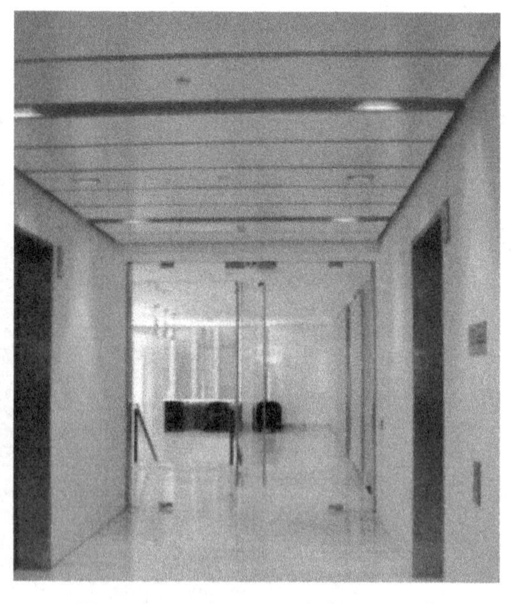

图3-1-26　办公区域走廊吊顶设计

4. 其他附属空间的天棚设计

附属空间是指办公人员生活和改善办公物理环境的必备设施所占用的空间，如卫生间、盥洗室、开水房、配电室、各种机房、控制室等。这些空间的天棚设计可以简单一些，有的空间（如机房）完全可以不吊顶。

（五）文教室内空间的天棚设计

文教空间包括学校、图书馆、医院等室内环境。文教空间的突出特点是环境安静。其天棚设计不必苛求繁琐、华丽的形式，而主要从功能和经济因素的角度考虑，通常应力求简洁、明快，以塑造清新、静逸之感，增强空间功能性质特点的体现。

1. 学校室内天棚设计

学校是以教学、办公为主的功能场所，除了基本的学习、办公空间以外，同时还包括阅览室、展览室、实验室、俱乐部、影院、餐厅、浴室等一些附属功能空间。不同空间的吊顶情况应区别对待，我们把学习空间的天棚设计来作为主要的介绍对象。

从学习空间的建筑结构上看，一般可分为普通教室和大型的集体教室。普通教室一般采用暖气供暖，且大多没有消防、通风等设施。所以确定天花的高度时，要考虑其对空气流通的影响，要适当提高。普通教室的面积和空间高度都接近于平常的室内空间，既不需要考虑室内热量的散失，又无需要隐蔽的设施。所以我们一般可以不进行吊顶，而直接对建筑构件进行粉饰处理。这样处理既经济实用，又可以防止花哨装饰分散学习者的注意力。

大型集体教室一般空间开阔，较为宏大。其天棚设计要适度进行声学方面的考虑，以避免回音或声音散失。

2. 图书馆室内天棚设计

图书馆是大型室内建筑空间，藏书空间和阅览空间是其主要功能空间。

藏书空间的天棚设计，要根据环境的具体情况而定。如若空间高度较大，则需要考虑天棚对室温的调节作用，同时应该在一定程度上考虑与消防设施的结合，适度进行美化处理，无论是总体吊顶还是局部吊顶皆可，但必须选用具有良好防火性能的材料。

阅览室是人长时间使用的空间，一般都进行吊顶处理，一方面可以改善室内的物理环境，另一方面可以掩盖粗糙、生硬的顶部建筑构件，给人一种舒缓、轻松的感觉。其天棚材料和形式的选择要考虑声学效果，减少噪音干扰（图3-1-27、图3-1-28）。

3. 医院室内天棚设计

“人性化”的倡导，使得现代医院具备了较为全面的附属功能空间，在环境的装饰方面也有很大的发展。医院空间的总体环境要具备素雅、清静的特点。

医院的室内天棚设计，要根据不同功能空间的性质和特殊要求而定。例如，手术室和各种设备室的天棚设计要考虑光效果或其他对设备工作有影响的方面；病房是病人疗养的居住场所，其天棚是病人视域范围内的主要对象，天棚在形式、材质、色彩方面的运用，都要考虑能够给人带来平静、温馨、舒展的感觉和积极影响，同时也要考虑方便输液瓶的吊挂或事先预埋吊件等问题。

（六）观演性室内空间的天棚设计

观演性建筑是指可供大量观众观看演出的建筑物，如影院、剧场、音乐厅、杂技场等等。这类建筑都有一个或数个可供演出的舞台和供观众观看演出的观众厅。根据演出

图3-1-27　阅览室天棚设计

图3-1-28　阅览室天棚设计

性质的不同，其主体空间的组合及技术要求也各不相同。但总体来说，这类建筑物的天棚设计都有较高的视听功能要求，尤其以观众厅的天棚设计为重点，其形式的变化、材料的选择要充分考虑对室内声、光、温、气等物理性能的影响，因而相对来讲显得较为复杂。

以剧场为例，天棚设计应力求简洁、封闭、适当增加反射面，合理布置吸音材料，以保证语音的响度和清晰度。天棚设计除了满足较高的厅堂音质要求外，对光电和其他设备设计要求也有较高的。舞台区的天棚设计应力求体现最佳的音质，观众厅区的天棚设计应根据演出的需要进行综合设计。整个大厅音质的必要条件是足够的响度，最佳的混响与直达声响的交融，它不仅取决于天棚设计材料的选择和布局以及形式的变化，而且与整个大厅的墙界面、地界面和大厅的整体结构和面积都有着密切的关联。不同的演出剧种，对观众厅和舞台的天棚设计要求也不同，专业性强的剧场，可根据剧种种类的要求进行有针对性地设计，多功能的大厅则需考虑不同演出性质的需求进行多功能设计，往往可以借助于悬挂天棚的不同变化（如升降、变形、变向等）来改变大厅的结构和声响效果，从而满足不同演出的功能要求（图3-1-29）。

图3-1-29　剧场舞台区天棚设计

五、天棚的表现性设计

室内空间天棚的设计，在不同功能性质的空间、不同结构的建筑中，有着不同的形式变化，体现着不同的美感特征。

（一）平整式

平整式天棚即表面无凹凸变化的平面天棚，单纯的无层次变化的曲面和斜面天棚也属于平整式之列。

这种天棚可以利用原建筑结构基面，将楼板底面粉刷而成，也可以通过后期吊装成型。平整式天棚的特点是构造简单、装饰便利、朴素大方、造价经济，因而非常适合在候车室、展览厅、休息厅、办公空间、商场等空间中采用。其形式特点，既塑造出整洁、清爽的空间，又渗透着现代感。它的艺术感染力主要来自顶面色彩、形状、质地、图案及灯具的有机配置（图3-1-30）。

图3-1-30　平整式天棚

（二）凹凸式

凹凸式的天棚就是天棚表面有一定的凹凸变化，体现出一种面的层次关系，也称立体天棚。

这种天棚造型华美富丽，适用于舞厅、餐厅、门厅等空间。以凹凸形式为基本形态，搭配以金属壁纸、木饰面、彩绘，或其他新兴复合材料，均能够塑造出不同文化品位的环境气氛。而与暗藏灯带、吊顶等各类灯具配合使用，灯光交汇、形态互补，将形成浑然一体的完整形象。

凹凸式天棚设计，必须对同一造型单元中各层次的面积和深度的比例关系进行全方位的比较，各层次之间的高度要有一定的节奏变化，面积对比要适中，每个层次自身的面积与高度的比例，也要具有一定的审美性。在大型空间中，有时候需要天棚具有一定的深度，以求得天棚深度与墙面高度的协调，这种情况下的凹凸式天棚设计，切忌依靠肆意拉大层次间的深度来保持整体高度，以免显得生硬、空洞，要大胆采用复杂的层次变化，通过层次的分组归纳，既可以达到预期高度，又能够使层次的组织上保持必要的秩序性（图3-1-31）。

（三）悬吊式

所谓悬吊式，就是在天棚的承重结构下，悬吊各种形式的搁栅、饰物、板块等装饰物体，所形成的一种天棚形式。其特点是天棚的部分单体与天棚整体之间存在视觉上的脱离关系。

这种形式的天棚，往往是为了满足声学、光学等方面的要求，或是为了追求特殊的

图3-1-31　凹凸式天棚

装饰效果。因而，经常用于体育馆、影剧院、音乐厅等文化艺术类室内空间中。另外，因其新颖别致的形式、轻松活泼的感觉也常用于舞厅、餐厅、酒吧、茶社等休闲娱乐空间，具有另一番意趣。

悬吊式天棚布局随意，不拘泥于一定的形式，不过其某些单体具有一定孤立感、突兀感。因而，要求设计者谨慎使用，以免造成空间的不稳定感（图3-1-32）。

图3-1-32　悬吊式天棚

（四）井格式

井格式是结合自然的井字梁构架进行补充和完善，或为追求特殊的环境氛围而刻意构建出的一种以井字形为基本造型构架的天棚形式。其形式相似于我们传统的藻井，特点是保持着空间的均衡秩序感。

井格式天棚设计，要求天棚上的通风口、灯具、自动喷淋头、烟感报警器等设施分布规则、合理，以免产生与高度秩序化井字格之间的冲突，而使空间显得凌乱不堪。这种形式的天棚，在一定程度上会有单调、呆板的感觉，如果与凹凸式天棚结合，或者进行线角的装饰，则会显得丰满、充实。就井字格本身来说，其框架的体积要与井格的跨度，以及天棚的标高相协调，过于单薄或笨重的框架都会破坏整体装饰效果。

井格式天棚形式的应用范畴非常广泛，无论是大跨度空间中因地制宜的井格式天棚，还是小跨度空间中刻意构造的井格式天棚，只要它形态完美、装饰得体，皆可成为一种庄重典雅的设计形式（图3–1–33）。

图3–1–33　井格式天棚

（五）结构式

结构式是指最大限度地暴露建筑构件，以建筑构件为基本装饰元素，结合顶部设备的适度修饰和灯具、灯光的组织，所形成的天棚表现形式。这种形式只需要对建筑构件进行简单的装饰处理即可，力图通过各种设备的组织安排，形成一种自然的结构形式美。结构式天棚造价低，如果设计得法，选材与构成得当，也另有一番情趣。结构式常用于体育馆、候机厅、停车场等空间的天棚设计（图3–1–34）。

图3-1-34　结构式天棚

（六）玻璃式

玻璃式天棚是采用玻璃、阳光板或其他透光材料制作的天棚。玻璃天棚有两种形式：一种是发光天棚，就是在天棚里面安装灯管，然后用玻璃进行罩面处理；如果采用普通磨砂玻璃、喷沙玻璃罩面时，灯光柔和自然，令环境安逸优雅；如果采用其他饰有颜色的玻璃时，则会营造出另有异样情调的氛围。另一种是采光天棚，它是直接利用金属框架和玻璃来做顶部罩面，从而获取更多的自然光，有利于室内的绿化，同时，玻璃的通透性，打破了大空间的封闭感。采光天棚多用于大型公建的门厅、中厅以及展厅、阅览室等空间。

采光天棚的使用首先要注意安全问题。采光天棚直接裸露于室外，如遇落物，很容易造成玻璃的破碎，所以一定要选用安全玻璃。通常可以选用钢化玻璃或夹层玻璃，对金属骨架的载荷要计算精密，以免产生塌陷，造成安全事故。使用采光天棚还要注意阳光直射所造成的室内热辐射问题，应做好室温调节措施。另外，采光天棚的设计还要考虑防水、清洁、维修等方面（图3-1-35）。

六、地面的设计概念与审美特点

（一）地面的限定概念

地面是室内空间的三大主要界面之一，是支持室内活动和家具摆放的承台，平整、坚固是对地面的基本要求。地面是人触及最多的室内界面，并且时常处于动态的变化之中，是室内装饰审美的重要因素。

现代建筑的典型楼地面是钢筋混凝土楼板地面。楼层地面一般包括基层、垫层、面

图3-1-35　玻璃天棚

层三个基本结构。基层为现浇钢筋混凝土楼板（或预制楼板），它承载着其他楼层结构及楼板其他负重的全部荷载。垫层通常选用低强度混凝土、碎石三合土等刚性垫层材料及其他非刚性垫层材料，它通过素水泥浆结合层与基层结合，具有找平、找坡、保温、隔音和均匀传递力量的作用。而面层可以理解为装饰面层与楼板基本面层的统称，基本面层是水泥砂浆面层，它起到再度找平及保护垫层的作用，在此基础上我们可以进行装饰阶段的地砖、石材铺贴和地板、地毯的铺设。

（二）地面的设计要点

1. 地面要和整体环境协调统一

室内界面是一个有机整体，界面之间要保持相互联系，紧密结合的关系，以形成统一协调的环境。尽管各个界面不可以独立存在，但它们都要为塑造环境发挥必要的作用。

从地面与其他界面的联系方面来看，地面的划分要与天棚的组织有一定的内在联系。其图案或拼花的式样要与天棚的造型，甚至是墙面的造型存在某些呼应关系，或者在符号的使用上有共享或延续关系。也可以通过地面与其他界面之间的适宜材料的互借来加强联系（图3-1-36）。

2. 地面的块面大小、划分形式、方向组织对室内空间的影响

一般来说，由于视觉心理的作用，地面的分块大的时候，室内空间显得小，反之室内空间则显得大。而地面过小的地面则会显得琐碎、凌乱，甚至脆弱，会形成地面的不稳定感，造成整个空间的失重（图3-1-37）。

地面铺设材料一般采用正方形为基本形态。非正方形形体的长短边线对比本身就具有一定的方向性，而采用不同的拼合方式又会形成不同的方向感，可以起到延伸空间或破解空间的作用。

图3-1-36　天棚、地面组织形式的呼应形成空间的导向性

图3-1-37　地面分割使大堂充满活力而又不失整体感

地面的整体形式组织要结合空间的功能布局，既体现功能分区，又要以有序的形式组织反映出空间的主从流线。

3. 地面图案设计的三种情况

（1）强调图案本身的独立完整性

这种形式的图案是一个完整饱满的图形，其构图元素可以采用花卉纹样，也可以采用几何形体等。其主要用于特殊的限定性空间，如旋转门的地面、大堂中心的地面、大型会议室的中心等。其特点是有一定的完整性和内聚感，易于形成视觉中心。

（2）强调图案的连续性、变化性和韵律感

这种形式的图案设计随意性强，不拘泥于一定的形式。而此类图案形式的变化又追求一定的规律性，从而具有连续性和韵律感，暗示了一定的导向性。其多用于中高档室内空间的门厅、走廊（图3-1-38）。

图3-1-38　暗含导向性的地面拼花

（3）强调图案的抽象性意味

这种图案随机、自由、灵动，无论是形态还是其布置的位置，都无须遵循一般的规律。其常用于不规则空间或布局自由的空间，给人以自在轻松的感觉（图3-1-39）。

图3-1-39　抽象性地面拼花的应用

4. 在地面色彩设计中，对色彩的视觉心理研究极其重要

对地面色彩设计的总体要求是符合环境的氛围，根据不同的空间功能确定其地面的色彩。不同色彩的地面有不同的性格特征。浅色地面将增强室内空间环境的照度，而深色地面会吸收大部分的光线。浅暖色调的地面能给人以振奋的感觉，暖色地面的色彩给人带来安全感。浅冷色地面有宽敞感，并能衬出光滑地面的平整程度。深而冷的色彩给地面蒙上一层神秘而庄重的面纱。中灰色的无花纹地面有时更能显现高雅、宁静的室内气氛，并能衬托出家具色彩的个性，从而显现出家具造型的外观美（图3-1-40）。

图3-1-40　浅色地面的衬托更显家具及墙面色彩之美感

5. 地面质地的选择要根据室内环境的整体要求来设计定位

地面材料的选择要考虑材质特性能否满足使用要求，这是基本因素，而同时还要注意其质地是否与环境的整体氛围相匹配。质地光滑细腻的材料，如抛光花岗岩、大理石等能表现出细致、华美、高贵、气派的美感；粗质的地面材料如地毯等，会产生质朴浑厚的美感；自然材料如木地板等，则能产生温暖舒适的感觉。而同材质材料，因加工工艺或质地不同也会有不同的个性。例如，同是石材，抛光石材显得华丽、高贵，而麻面石材则显得质朴、豪放。因而在不同格调的环境中，要结合材料质地的特点来增强环境的氛围。

七、地面材料的种类与特性

地面材料的选择要根据空间功能的要求进行合理科学的材料分析。材料的性能一定要满足使用要求和审美要求。下面我们对地面材质做简要介绍。

（一）木质地板

木质地板肌理自然、纹路清晰质朴、色泽天然美丽，给人以自然高雅的感觉。它具有良好的保暖性、舒适性、弹性、韧性、耐磨性，因而受到人们的普遍欢迎。木地板具有良好的隔音性能，便于拆装（图3-1-41）。

图3-1-41　木地板的应用

除了优点之外，木材也具有易胀缩、易腐朽、易燃烧等缺点。

木质地板常用于舞厅、会议室、舞蹈训练馆、体操房、体育馆、家庭装修的卧室、书房等空间。

（二）石材类地板

石材类地板包括花岗岩、大理石等板材。石材是一种天然的材质，具有质地坚硬、经久耐用等特性，表现出一种粗犷、硬朗的感觉。由于每块石材都具有天然的纹饰，故拼合后的图案更加丰富多变。其色彩多是天然生成，超乎外象，柔和丰富。而色彩范围从黄褐色、红褐色、灰褐色、米黄色、淡绿色、蓝黑色、紫红色等，直到纯黑色，丰富多彩，种类繁多，各有妙景生成。

石材类地板多用于星级宾馆、大型商厦、剧场、机场、车站等公共建筑内（图3-1-42）。

图3-1-42　候机厅大理石地面的应用

（三）陶瓷面砖

陶瓷面砖是以优质黏土为主要原料烧结而成的。建筑陶瓷面砖具有防水、防油、防潮、耐磨、耐擦洗等性能，因而多用于厨房、卫生间等亲水空间，及其他人流量比较大的室内环境。而随着其图案与花色的日趋丰富、完美，也越来越为各种个性化室内环境设计所宠爱（图3-1-43）。

图3-1-43　卫生间中陶瓷的使用

（四）柔性地毯

地毯是柔软性铺盖物中具有代表性的地面装饰材料之一。由于其宽广的色谱和多样的图案以及精美的手工工艺制作，使其可以给人视觉上和心理上以柔软性、弹性和温暖感。地毯能够降低声音的反射和回旋，并为人们提供舒适的脚部触感和安全感。地毯不宜浸水，清理维护不便，因而适用于环境高雅的空间（图3-1-44）。

图3-1-44　地毯的应用

八、墙面的结构特征及美感体验

（一）墙面设计的结构特征

建筑技术的发展，使得部分墙体从承重的使命中解脱出来，可以单从空间的围合与界定的功用角度考虑墙面设计，其形式便朝着生了多样化的方向发展。根据不同的环境、区域关系和不同的装饰要求，墙面可以采取不同的灵活形式。从墙体结构特征的方面看，墙面可以归纳为平整式、起伏式、通透式等表现形式。

1. 平整式

墙面平整、结构单一的形式为墙面平整式结构。一般来说，这种墙面的表现形式是平直、顺畅，在垂直方向上没有大的结构变化，呈现一种简洁的感觉，是最为平常的一种墙体结构形式。对于平面的墙体来说，平整式具有明确肯定的空间界定感。此类墙体结构形式的设计要根据不同的空间面积、空间关系进行因地制宜的选择（图3–1–45）。

图3–1–45 平整式墙面

2. 起伏式

当墙面具有水平方向或垂直方向的连续的凹凸变化时，这种墙面便可以称为起伏式墙面。起伏式墙面的凹凸结构变化增强了其不宁静感，尤其是水平方向连续的波浪式墙面，具有强烈的动感和自然的行进美感。垂直方向起伏变化的使用，要根据空间的面积和高度决定。这种起伏会削弱墙体的力度感，在狭小空间或低矮空间中会造成一定的不安全感，要谨慎使用（图3–1–46）。

图3–1–46 墙面的凹凸变化

3. 通透式

通透式墙体是空间界定的一种特殊形式，它实现了空间的分隔，却能够保持空间在视觉上的连续性和延展性。采用通透式墙体的两个相邻空间的功能在性质上不能有很大的跨越，因为它有时具有听觉上的隐秘性，而不具有视觉上的隐蔽性。在两个通透式界定的空间中，装饰格调、氛围不能跳越过大，否则会相互影响，产生视觉的混乱。通透式墙体如果运用得当，可以在很大程度上增强墙体自身的装饰美感（图3-1-47）。

图3-1-47　通透的墙面设计

（二）墙面的美感体验

墙面是空间中视域接触最频繁的界面，它的处理对空间的装饰效果能产生较大影响，在很大程度上确定了空间个性。墙面的结构形式、色彩的光反射度、材质与肌理、组织的秩序，都渗透着不同的美感和散发着空间独特魅力。

1. 墙面的结构美

不同结构形式的墙面形成不同的美感体验。规则、平整的墙面具有坚固感，形成一种规范美，会令人心情平静、缓和、踏实。不规则墙面则具有动感和生动美，给空间增添生气，营造出活泼、欢悦的气氛。在不同功能性质的空间中，根据功能需要选择适宜的墙面结构形式，不但有助于提高环境的感染力，同时对实现其使用与审美功能也起到促进作用（图3-1-48）。

2. 墙面色彩的光感

色彩的光反射是色彩的一个属性，不同色彩的光反射效果是我们进行墙面设计利用的要素之一，要根据室内的环境状况搭配色彩。浅色墙面具有高效的光反射性，形成空间物体的反衬背景。浅而暖的墙面有温暖感，可以产生一种张力。浅而冷的墙面则有爽朗感，可以形成一种退后的进深感觉。而深色墙面则体现一种稳定、肃穆之感，深色墙面容易吸收光线，造成室内亮度的散失，应对此空间适当增加照度（图3-1-49）。

3. 材质与肌理差异

墙面装饰材料材质和肌理的差异，是强有力的美感转换要素。材质本身的质感变化形成丰富的肌理选择，交相辉映，灵动异常。淳朴、华丽，粗犷、细腻等各种质感效果渗透着各异的文化情结，展示着不同的审美体验。而材质表面的光滑或粗糙特性形成反

图3-1-48　充满灵气、美感的墙面结构

图3-1-49　冷峻的墙面色彩设计

光效果的差异，或暗淡轻柔，或光影交汇，意趣横生（图3-1-50）。

4. 墙面的组织秩序

墙面的设计组织要体现一定的秩序性，杂乱无章的表现必将导致观感者视觉的混乱，甚至情绪的紊乱。墙面的组织秩序主要体现在墙面装饰形式的规划布局上，装饰形式的面积、体积、形体搭配上，和装饰材料的质感搭配及色彩搭配上。

墙面的设计分割要遵循一定的原则，不可胡乱分割，失去整体感。具体装饰形式的安排要讲究一定的节奏感，体现对比与统一的法则。不同材料的材质、面积、色彩的合理搭配，会使环境得到软、硬、动、静、冷、暖的交汇，使氛围更加融洽，使人们得到更加舒适的体验（图3-1-51）。

图3-1-50　变化丰富的墙面材质

图3-1-51　规则、整齐的墙面秩序美

第二节　室内环境的绿化设计

一、绿化设计是人在室内环境中的生理与心理需求

在现代城市生活的繁杂喧嚣声中，人们向往自然界所带来的生机与活力。在室内设计中，人们巧妙地把自然景观、绿色植物、山石水景以及中国园林的设计元素引进室内，似清凉剂，给向往回归自然的都市人提供了一片理想的家园，并满足了人们对大自然意境追求的心理与生理的需求。同时，将绿化引进室内，与空间的装饰设计、陈设布置等牵情一起，营造诗情画意，也是表现出对中国传统文化意识与风格继承的含义（图3–2–1）。

图3–2–1　绿色设计的回归

中国古代哲人“天人合一”的哲学观至今依旧产生影响。其反映的不仅仅是一种文化内涵，更重要的是深层次地表露人向往自然的本性内涵。

古人讲的“天”，从环境艺术的观念上来理解能否看成是除自身群体以外的客观自然环境或人工环境。“人”能否视为自我与群体，即审美主体。“天人合一”应看作是人与物的共生，人与自然的共存，人与环境的“对话”、沟通和融合。过去那些“要向大自然去索取”的口号与观点，已遭到人们越来越多的厌弃，现在人们更乐于听取“与自然为友”的呼吁。现代人的这一觉醒意识，落实到室内环境设计上，便体现在不管是大型公共空间，如商场、宾馆、饮食业等，还是家居环境设计中，都竭力地将自然中的绿色植物、山水花石等绿化审美元素引进来，融会于极端非自然的人造环境中，以求得心灵的慰藉与平衡，愉悦与安适。

室内空间的绿化景素的生态效应是室内自然调节器，可以清新空气，改善气候，有益于室内环境的良性循环。同时，室内绿化可在建筑中用分层建构这样一种独特的空间利用方式，在目前城市人口密度偏大，生活用地偏紧，公共绿地偏少的情况下，成为增加绿化覆盖率的有效途径。

绿化景素一旦引入室内空间环境，便获得与大自然异曲同工的胜境。植物、水、石所形成的空间美、形态美、色彩美、时空美、音响美、极大地丰富了室内空间设计艺术表现力，使人心境得以净化，怡情养性，徜徉于物外之意、景外之境的美好氛围之中。

从另一视角也能品味出室内绿化景素的社会功用性。在当今信息时代，由于工作节

奏加快，生理机能紧绷，人们大都渴望生活工作中有劳有逸的结合和互补。在城市公共建筑空间里融入绿化美景，让人在工作和信息往来的交流中，亲身体会自然的亲情，放松紧张的神经，在工作中加入一点温馨的感受（图3-2-2）。

图3-2-2　公共空间中的绿色布置

二、绿化设计的三大构成

室内绿化设计是将植物、水景、石景引入室内空间，共同构成完整的绿化设计三大要素。

（一）室内植物

室内植物是室内绿化的核心元素。可以说，没有植物就无所谓室内绿化。所以，研究室内植物的布置与设计不仅要考虑周围的美学效果，更应考虑植物的生长环境，尽可能地满足植物正常生长的物质条件。

1. 光照与室内植物的生存关系

光是生命之源，更是植物生长的直接能量来源。植物利用叶中的叶绿素吸收空气和水分，在光的驱动下转变为葡萄糖并释放出氧气，从而维持正常的生命活力。室内植物的健康成长，受光因素的三个特性影响，即光的照度、光照时间和光质。

2. 温度与室内植物的生存关系

植物属于变温生物，其体温常接近于气温（根部温度接近于土温），并随环境温度的变化而变化。温度对植物的重要性在于，植物的生理活动、生化反应都必须在一定的温度条件下进行。

3. 水与室内植物的生存关系

植物的体内绝大部分是水，占植物鲜重的75%~90%以上，因此植物离不开水。在室外，水以气态水（湿度）、液态水（露、雾、云和雨）及固态水（霜、雪和冰雹）对植物产生影响；而在室内，除了水生植物的基质水外，主要以湿度的形式影响植物。生态学研究表明，水分对植物的生长影响也有最高、最低和最适三基点。低于最低点，植物萎蔫，生长停止、枯萎；高于最高点，根系缺氧，窒息、烂根；只有处于最适范围内才能维持植物的水分平衡，以保证其正常生长。

4. 土壤与室内植物的生存关系

虽然现在已有无土栽培技术，但土壤仍然是绝大部分植物的生长基质。土壤对植物最显著的作用之一就是提供根系的生长环境。

5. 常用于室内栽种的主要植物种类

植物以丰富的形态和色彩，为室内环境增添了不少情趣。它还与家具等其他陈设一起，组或室内的一道变化无穷的风景线。目前，适合室内栽培的植物按观赏特点，可分为观叶植物、观花植物；按植物学分类，可分为木本植物、草本植物、藤本植物等，具体如下。

（1）木本类：印度橡胶树、垂榕、蒲葵、苏铁、棕竹、棕榈、茶花、罗汉楹、香榧、广玉兰、冬青、栀子、珊瑚树、大叶黄杨、海桐、石楠、月桂，等等（图3-2-3）。

（2）草本类植物：龟背竹、文竹、吊兰、水仙、芍药、兰花、万年青、秋海棠，等等。

（3）藤本类植物：大叶蔓绿绒、薜荔、绿萝、常春藤，等等。

图3-2-3　木本类植物

（二）室内水景

水是室内环境绿化的另一审美景素。室内设计师可以借水景来调节室内的气氛，可用水景来形成绿化合成的纽带，也可成为室内绿化的构景中心。设置水景，会使室内空间环境富于生命力。水景具有形质美感、流动美感、音响美感。水可以使环境融入时空观念，水可以在室内妙造神境。在有限的室内空间中，水景可以让人们联想到浩渺江湖，“尺波勺水以尽沧溟之势”。水景的要素通常包含以下几个方面。

（1）静态水体。在室内空间环境中，没有动态变化的特定区域水体景观，称为静态水体。静态水体给人以清静幽雅之感（图3-2-4）。

（2）动态水体。利用可循环装置，使水面生成一定的波动或流动的效果称为动态水体。动态的水体给人以生动轻快的感觉，同时也是创造室内音响美的重要因素（图3-2-5）。

图3-2-4　静态水体

图3-2-5　动态水体

（3）喷泉。利用机械原理使水面出现不同高度、花形的喷涌，称为喷泉（图3-2-6）。

（4）瀑布。从高处向下飞泻流动的水体，称为瀑布（图3-2-7）。

图3-2-6 室内喷泉

（三）室内山石景观

自古以来，人们对自然界中的山石景观就抱有浓厚的观赏兴趣。山石景观以其自身所独具的形状、色泽、纹理和质感，被人们选择并运用在室内空间中，与植物、水景共同构成一曲室内绿化的交响乐章。室内山石景观的塑造来源于大自然，但又高于大自然，是纳自然山川之势，造内庭仙境之峻美，是人工美与自然美的高度结合。室内山石景观在选材中通常包含图3-2-8所示的几种。

图3-2-7 室内瀑布

三、室内绿化的审美特性

（一）绿化造景形式分类

1. 主景

室内空间的绿化主景起控制主调作用，它是核心和重点。不论室内空间的大小，设计时

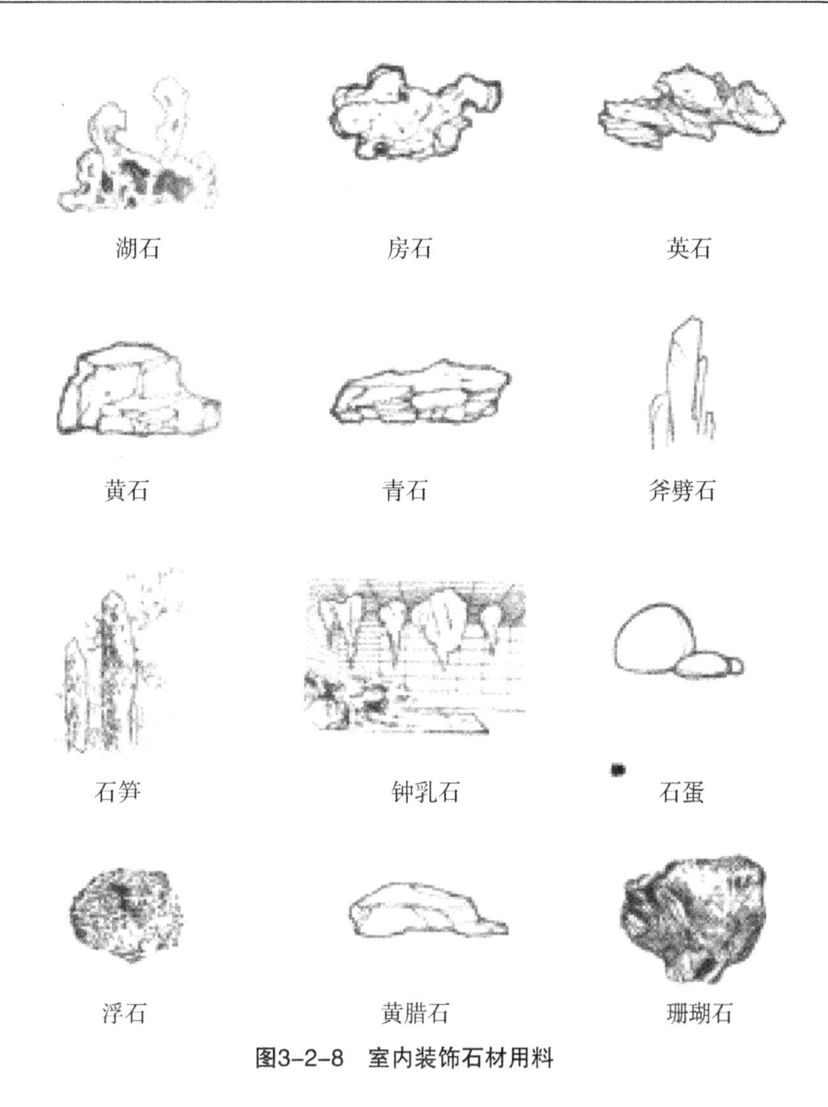

图3-2-8　室内装饰石材用料

都应主次分明。例如，在室内中心的位置、室内轴线的端点、交点上或在视线的焦点上，从空间整体的装饰效果来统一考虑，确定主景的位置。而主景主要以植物、水景、石景共同构成，产生绿化质地的丰富感（图3-2-9）。

2. 配景

室内空间中，主景是核心，但需要不同位置的绿化分支来衬托和呼应，否则主景便显单调。例如，在酒店的中庭设计一处主要的绿化景观，可在入口区域、走廊的拐弯处和休息区域放置植物与之呼应，从而使绿化在空间的过渡中，景断意连（图3-2-10）。

3. 对景

室内绿化置景中，位于整体空间中的视线端点所形成的景观为对景。正对景具有庄重、雄伟、气势磅礴的效果。互对景是在风景线的两端同时设立两处景观，使之互成对景，具有相互传神的自然美。互对景没有严格的轴线布置，其目的在于使人们在视线范围之内能看到相互呼应的绿化置景，感受自然的气息。如酒店的大堂空间设计、商业空间的设计，以及具有观赏空间的区域，均可采用对景（图3-2-11）。

图3-2-9　室内空间中的绿化主景

图3-2-10　中庭绿化配景景观

图3-2-11　互成对景的绿色景观

4. 分景

在室内设计中，将绿化景观用于分隔空间的作用，称为分景。其作用在于抑制人们的视线，使其在进入空间后避免对室内空间装饰一览无余，达到欲扬先抑的目的。分景既可以实隔，也可以虚隔。实隔意在遮挡背后的景观；而虚隔则可利用花墙、花架等，营造出深远莫测、似隔非隔的效果，使室内绿化景观在整体方面具有更为强烈的艺术感染力（图3-2-12）。

5. 漏景

漏景是使景观的表现产生若隐若现、含蓄雅致的一种构景方式。采用这种形式，可使室内空间产生令人意想不到的效果。例如，利用通透性较强的植物或湖石的透洞来制造飞瀑效果，在虚实中去体会室内设计中的各种装饰美，会让人感到景外有景，意外生意的妙趣（图3-2-13）。

（二）绿化设计形式分类

1. 规则式

规则式又叫整形式、对称式。其主要运用于室内绿化景观本体设计之中，呈左右对称式。规则式的景观设计，常给人以庄严、整齐之感（图3-2-14）。

图3-2-12　似隔非隔的室内绿色效果

图3-2-13　含蓄雅致的植物构景

图3-2-14　规则式绿化设计

2. 自然式

自然式又称不规则式。在室内空间中，随空间结构的变化而布置协调的花卉、植物、山石小景，浓缩大自然的美景于室内有限的空间之中。自然式的布置绿化，常给人以自然、清新的感觉，花草、假山、小桥、流水、声、色、香构成欢乐的曲调（图3-2-15）。

图3-2-15　自然式绿化设计

3. 综合式

在室内绿化设计中，往往根据所绿化空间的大小、具体的功能作用来决定采用何种设计形式。综合式是兼有规则式、自然式两种特点的绿化设计形式。

（三）绿化的艺术构成原则

1. 营造四度空间结构

进行设计时，要善于利用和挖掘植物、水景、石景的自然美质。在空间环境处理方面，要善于把室外空间中的自然绿化美质与室内空间相互渗透，所设计创造出的绿化景观构图不仅是平面的、立体的，而且还应是室内空间和时间的综合体，即营造室内四度空间绿化结构。

2. 季相表现

室内空间绿化设计构成，应具备季相变化的特点。室外的自然绿化景致随季节、时间的变化而变化。如果伴随风、云、雨、雷、雪、雾的变化，则更显得绿化景观丰富多彩。室内设计师在设计室内绿化时，尤其是在当前室内绿化陷入重复化的设计中，更应利用室内的灯光变化和装饰制作等技法来营造季相表现气氛，让室内的绿化景观也能感受到白昼的日光、夜色的朦胧、朝晖夕阳等大自然的变化趣味，同时也给人们带来更多的观赏性和精神的享受。

3. 文化内涵

中国园林在绿化景观的配置上，深受历代山水诗、山水画、哲学思想乃至生活习俗的影响，非常注重其文化品格。在整体设计手法上，常常借用文学创作的比、兴手法，追求意境美的出神入化、情景交融。在植物的选配上也重视其审美的象征意蕴。如松柏的苍劲耐寒，坚贞不渝；竹子的虚心有节，象征谦虚礼节，气节高尚等。通过植物的象征特性来建构绿化景观的文化内涵和品格。

4. 恪守形式美原则

绿色设计也是一项极其创造性的艺术。不论其构图、色彩、材料、造型，都应遵守形式美的法则，不使一处无韵、一笔不谐，遵守章法，使优美的设计形式与内容获得高度的统一。在主与次的造景设计上，空间的转折与分隔上，空间的相互借景上，都应以形式美规律为设计原则，利用现代设计语言组织、创造室内绿化景观。

第四章　室内色彩与光环境设计

在现代生活中，提高室内空间环境的技术性和艺术性，是衡量现代生活质量的重要标志。世界的多姿多彩很大程度上归功于色彩，它不仅丰富了人们的视觉，而且会让人产生各种不同的生理、心理反应，使人对色彩有不同的心理联想，从而产生不同的情感，色彩情感的存在使得色彩更加具有生命力。色彩是室内装饰的要素之一，也是装饰材料的一项基本属性，它渗透在室内空间的每一个角落，是进行室内设计必须研究的对象。

光环境对人的生理和心理会产生极其深远的影响，它可分为自然光和人工采光两种。而光环境与室内环境设计的好坏又是密切相关的，随着现代生活更趋于多样化和舒适化，除自然光照外，人工照明技术在室内环境设计中的地位日趋重要。

第一节　室内色彩环境设计

一、理解色彩

（一）色彩的表现

人对色彩是有生理反应的。首先，人之所以能够感受和识别色彩，是因为人的眼球视网膜中有对色彩感觉不同的视觉神经细胞，它们能感受红绿蓝三种光色，分别称为感红、感绿、感蓝单元。因为它们能两单元、三单元同时感受，因而能识别出各种色彩。

人类最初使用颜色大约是在15到20万年以前的冰河时代。据考古发现，那是在红土中埋着的尸体或骨骼被涂上了红色的粉末。红色是血液的颜色，流血会造成死亡，因此，原始人类把红色当成是生命的象征。他们不仅在死者的体表涂上血色粉末，同时也在自己的身体和脸上以及石器上涂上红土和黄土。这种做法既表达了对自然的敬畏和崇拜，同时又表达了生命神圣不可侵犯，企图征服自然的意愿。

这样，色彩就和旧石器时代的人们所使用的线条一样，已经成为人类生活的有机组成部分，这是人类第一次选择在山洞的岩壁上通过创作二维空间的艺术来表现和诠释自己的生活。一些早期的岩画保存至今，例如，1940年在法国 Dordogne的拉斯科（Grotte de Lascaux）发现的15 000年前的岩上壁画，展现出叙事形式的动物图案和看上去混合了人类自己的观察和神话创造的符号的画面。壁画用黄色和红褐色的土制颜料以及从碳中提炼出来的黑色描绘，它们揭示了一个基本的、简单的、容易理解的色彩体系，这个色彩体系确切地反映出当时的泥土、岩石、毛皮和鲜血等事物的特色和特征。

在我国山顶洞人的洞穴遗址中发现的石器也用红色染过，在残存的尸骨旁撒有赤铁矿的粉末。

英国著名心理学家格列高里认为："颜色知觉对于我们人类具有极其重要的意义——它是视觉审美的核心，深刻地影响到我们的情绪状态。"在色彩设计中，色彩往往是先声夺人的传达要素。

一般人都会觉得，各种各样的色彩，具有各自特定的表现性质。歌德对于基本色彩的生动论述，来自于一个善于表现自己所见事物的诗人的印象，也可以作为研究色彩表现性质的极好材料。歌德把色彩划分为积极的（或主动的）色彩（黄、红黄[橙]、黄红[铅丹、朱红]）和消极的（或被动的）色彩（蓝、红蓝、蓝红）。主动的色彩能够产生一种"积极的、有生命力的和努力进取的态度"，而被动的色彩，则"适合表现那种不安的，温柔的和向往的情绪"。

在设计方面，表现性质是色彩领域的一个重要研究对象。包豪斯基础课创始人约翰内斯·伊顿（Johannes Itten）是最早引入现代色彩体系的教育家之一，具有非常敏感的形式认识。他坚信色彩是理性的，了解色彩的科学构成，才能有色彩的自由表现，他在《色彩艺术——色彩的主观经验与客观原理》一书中指出："对比效果及其分类是研究色彩美学时一个适当的出发点。主观调整色彩感知力问题同艺术教育和艺术修养、建筑设计和商业广告设计都有密切关系"。

"色彩美学"的概念由此而来，并且可以从三个方面进行研究：印象（视觉上）、表现（情感上）、结构（象征上）。伊顿提倡从美学、生理学和心理学角度，对色彩的审美视觉传达效果、审美情感的反应与表现、它的象征与描绘的内在与外在结构形式等问题，进行深入的研究。他把视觉的准确性、感人力量、结构的象征性内容、视觉力量的情感效果等，统一于色彩理论的创建之中。

简而言之，色彩表达的捕捉由色彩的客观物体对视觉心理造成的印象，并将对象的色彩从它们被限定的状态中解放出来，是指具有一定的情感表现力，再加以象征性的结构而成为表现生命节奏的色彩构图。

如果要表达一个特定的事物，形状和色彩可以说是各有千秋。作为一种信息的传达方式，形状要比色彩有效得多，但要说到人对这个事物的情感反映，色彩的作用是其他任何方式都不可媲美的。朴辛说："在一幅画中，色彩从来只起到一种吸引眼睛注意的诱饵作用，正如诗歌那美的节奏是耳朵的诱饵一样。"马克思说，色彩的感觉在一般美感中是最大众化的形式。

我们对色彩的感觉是主观性的，因此我们对色彩的反映也就变化无常，而且很难确定和把握。就像风格和时尚一样，由于涉及美学和心理学的问题，我们对色彩的经验和感觉只能停留在描述的阶段，而不能进行具体分析。然而色谱本身也确有其内在的品质和特性，而且能相当容易地被归纳总结出来。这里对色彩的分析和讨论仅仅针对的是少数的几种颜色颜料被混合的过程。再生出来的颜色，是通过对光束的混合得到的，就像电视机屏幕或计算机显示器的原理一样，但表现出来的效果却有很大的差异。

（二）色彩的表情

色相、明度和纯度是认识色彩语言的三个尺度。而对比是色彩美学的核心，色彩的魅力只有通过对比才能真正显示出来。然而构图中的所有颜色要互为关联还必须在一个统一的整体中相配，形成和谐的色彩系统。换言之，对比是以和谐为限度的。色彩进行明度、色相、纯度、冷暖、综合等比较，会显现出不同的表现力和感知力。不同程度的色彩对比，也会造成不同的色彩感觉，如最强对比使人感到生硬、粗野；强烈对比使人感觉响亮、生动、有力；弱对比使人感到柔和、平静、安定；最弱对比使人感觉朦胧、暧昧、无力。人对色彩还具有心理反应，不同的色彩给人以不同的感受，色彩虽然是一种自然现象，但由于对色彩的感受不同，随之也就赋予了色彩以不同的感情味道在里面，从而使色彩也带有了明确的感情和表情。

色彩学与心理学的研究已经告诉我们：色彩的审美与人的主观情绪有很大的关系，对于色彩美感的心理产生是通过对比存在的。而色彩对比正是一种色彩变化，在于与其他色彩相邻的缘故。因此，色彩的审美感觉，就是建立在这种客观与主观的交流互动过程中。

1. 色彩的冷与暖

红色使人联想到火，给人以温暖的感觉，这样的颜色称作暖色，色环中从橙红到黄色的色相都为暖色。蓝色使人联想到水与冰，给人以寒冷的感觉，这样的颜色称作冷色，色环中从蓝绿到蓝紫的色相都为冷色。绿和紫是不冷不暖的中性色，并以它的明度和纯度的高低变化而产生冷暖的变化，譬如绿、紫、蓝在明度高时倾向于冷色，低时倾向于暖色，纯度强时倾向于暖色。此外，由于色彩之间的对比，其冷暖也会发生变化。如紫与红并置时，紫色给人的感觉偏冷，而与蓝色并置时，又给人一点暖意。无彩色中白色冷、黑色暖，灰色为中性。一般情况下，无彩色比有彩色感觉冷些。

色彩的冷暖感也与物体表面的光泽度有关。光泽强的倾向于冷色，而粗糙的表面倾向于暖色。

2. 色彩的兴奋与沉静

兴奋与沉静是由色彩刺激的强弱引起，冷色对人的眼睛的刺激作用较小，使人感到安静、舒适。暖色的刺激作用较大，过强的暖色或观看暖色时间过长都会感到疲劳、烦躁和不舒适。红、橙、黄色的刺激强，给人以兴奋感，因此称为兴奋色。暖色多为兴奋色，容易使人产生兴奋、热烈的感觉，明度低的暗色接近于沉静色。蓝、青绿、蓝紫色的刺激弱，给人以沉静感，称为沉静色。冷色多为沉静色，具有沉静、幽雅之感，明度高的、纯度高的亮色近于兴奋色。色彩的兴奋性与沉静性往往随纯度或明度的变化而改变，纯度或明度越高，色彩的刺激性越强。绿与紫是介于二者中间的中性色，既没有兴奋感，又没有沉静感，是人们视觉不容易觉得疲劳的颜色。清淡明快的色调多给人以轻松愉快的感觉，浓重灰暗的色调往往使人感到沉重压抑。此外，白和黑以及纯度高的颜色给人以紧张感，灰色及纯度低的颜色给人以舒适感。为获得兴奋、活泼的效果，可以使用红色系列的颜色，若要获得沉静、文雅的效果，则要使用蓝色或绿色系列的颜色。

3. 色彩的华丽与朴素

色彩由于其纯度与明度的不同，会给人以辉煌华丽和朴素雅致的感觉，一般纯度或明度高的颜色华丽，纯度或明度低的朴素。冷色具有朴素感。金、银色单独使用时具有华丽感，但与黑色搭配时，既有华丽感，又有朴素感。用色相相差较大的纯色与黑或白搭配时，因有明度的差异而感到华丽，纯度低的颜色搭配时有朴素感。黑白两色因使用情况的不同，既可以具有华丽感，也可以具有朴素感。

4. 色彩的轻与重

在日常生活中，由于生活经验的作用，一般认为白色的棉花是轻的，黑色的钢铁是重的；天空中漂浮着的白云是轻的，人们立足的大地是重的。这告诉我们，无纯度的颜色的轻重感来源于生活经验。色彩的轻重主要取决于明度，而纯度对色彩的轻重感的影响其次，色相的影响最低。明度高的颜色感觉轻快（图4-1-1），低的颜色感觉沉重（图4-1-2）；同明度、同色相的颜色纯度高的感觉轻，低的颜色感觉重。

5. 色彩的软与硬

一般情况下，掺入白灰色的明浊色有柔软感，掺和了黑色的纯色有坚硬感，这说明颜色的软硬感与其明度和纯度有关。

图4-1-1　俄罗斯圣彼得堡冬宫展厅入口

明度高纯度低的颜色有柔软感，而明度低纯度高的颜色有坚硬感，黑、白有坚硬感（图4-1-3），是坚固色；灰色有柔软感（图4-1-4），是柔软色。一般情况下，软色感觉轻，硬色感觉重。

图4-1-2　俄罗斯圣彼得堡冬宫展厅

图4-1-3　盖蒂艺术中心展厅

图4–1–4　盖蒂艺术中心过厅

图4–1–5　巴黎莫里哀酒店客房墙面的色调幽暗的壁纸

6. 色彩的明与暗

色彩的明暗感与明度有关，明度高就亮，明度低就暗。但是，颜色的明暗不一定只对应着色彩的明度。譬如，蓝色和蓝绿色，尽管蓝绿色的明度高，然而却感到蓝色比蓝绿色还要亮。白、黄与其他颜色并列时，可以感到黄色更明亮（图4–1–5）。通常不能给人以亮感的颜色有蓝绿色、紫色、黑色等，相反，不能给人以暗感的颜色有红色、橙色、黄色、黄绿色、蓝色、白色等（图4–1–6），绿色是中性色。

7. 色彩的活泼与忧郁

在我们的日常生活中，如果稍加留意就会注意到，充满阳光的房间有轻快活泼的气氛，光线昏暗的房间则让人感到忧郁。以红、橙、黄等暖色为主的明亮色调，容易让人感到活泼（图4–1–7），而以蓝色和绿色为主的暗淡色调容易让人感到忧郁（图4–1–8）。在英文中人们常用“Blue”来表示自己忧郁的感情，布鲁斯（Blues）就是西方音

图4-1-6　香港迪斯尼酒店大堂

图4-1-7　卢森堡大使北京官邸的起居室

乐中一种曲调忧伤的歌曲。色彩活泼和忧郁的感觉是伴随着明度的明暗、纯度的高低、色相的冷暖产生的，无彩色的白色和其他纯色搭配时感到活泼，黑色是忧郁的，灰色是中性的。

8. 色彩的疲劳感

纯度高、显色性强的颜色对人的视觉刺激较大，容易使人感到疲劳。一般来说，暖色比冷色疲劳感强，不论是高明度，还是低明度，色相过多，纯度过强，或纯度、明度相差过大的搭配，都容易使人感到疲劳。譬如在世界上最大的美国国会图书馆的阅览室中，在色彩设计方面进行了充分的考虑，绿色的大理石墙面和窗台，墨绿色的窗框，室内固定装置采用了淡绿色的饰面，室外是苍翠、蓊郁、幽静的环境。这种色彩的搭配和选择不仅美观、雅致，而且科学、实用，绿色有助于缓解眼睛的疲劳（图4-1-9）。

图4-1-8　令人沉静、忧郁的色彩

图4-1-9　绿色能缓解人们的视觉疲劳

（三）色彩的认知

人们对色彩的认知和感受是通过色相、明度和纯度的对比得以实现的。只有这样，才能理解色彩的几个要素在色彩搭配设计中的作用，怎样搭配才能获得最佳的色彩效果。

1. 色彩的对比

色相相邻时与单独见到时的感觉不同，这种现象叫色彩的对比。几种颜色同时看到时产生的对比，叫同时对比。先看到一个色再看到另一个色时产生的对比叫继时对比。继时对比在短时间内会消失，通常我们讲的对比是同时对比。

（1）色相对比。对比的两个色相，总是在色环相反的方向上，这样的两个色称作补色，如红与绿、黄与紫等。二个补色若相邻时，看起来色相不变而纯度增高，这种现象叫补色对比（图4-1-10）。

（2）明度对比。明度不同的二色相邻时，明度高的看起来明亮，低的更显暗，这种对比使明度差异增大，叫明度对比（图4-1-11）。

图4-1-10 色相对比

图4-1-11 明亮对比

（3）纯度对比。纯度不同的二色相邻时会互相影响，纯度高的会显得更艳丽，而纯度低的看起来更暗淡一些，被无纯度色包围的有彩色，看起来纯度会更高些（图4-1-12）。

2. 色彩的面积

颜色的明度、彩色都相同时，面积的大小会给人不同的效果感觉。面积大的色比面积小的色感觉在明度、彩色上都高。因而以小的色标去定大面积的墙面时，要注意颜色有可能出现的误差。

3. 色彩的可辨别性

色彩在远处可以清楚见到，在近处却模糊不清，这是因为受到背景颜色的影响。清楚可辨的颜色叫可识度高的色相，反之叫作可识度低的色。可识度在底色和图形色的三属性差别大时增高，特别在明度差别大时，会更高，可识度受照明状况及图形大小影响。

图4-1-12　纯度对比

（1）色彩的前进与后退

在相同距离看时，有的色比实际距离显得近，称前进色，有的色则反之，称后退色。从色相上看，暖色系为前进色，冷色系为后退色；明亮色为前进色，暗淡色为后退色；纯度高的色为前进色，低者则为后退色（图4-1-13、图4-1-14）。

（2）色彩的膨胀和收缩

同样面积的色彩，明度和纯度高的色看起来面积膨胀，而明度、纯度低的色看起来面积缩小。暖色膨胀，冷色收缩。

图4-1-13　钓鱼台总统套房卧室

图4-1-14　冷色的室内环境

二、色彩设计

（一）色彩设计的作用

人们在传统上把形状比作富有气魄的男性，而把色彩比作富有活力的女性。这使我们思考“色彩与形态”时的感觉神经变得异常活跃和敏锐。

说到表情的作用，色彩又胜一筹，那落日的余晖或海水的碧蓝所传达的表情，恐怕是任何形态都望尘莫及的。

马蒂斯曾经说过，如果线条是诉诸心灵的，色彩是诉诸感觉的，那你就应该先画线条，等到心灵得到磨炼之后，它才能把色彩引向一条合乎理性的道路。

心理学家鲁奥沙赫的试验表明，对形态和色彩的选择，与一个人的个性有关：情绪欢乐的人一般容易对色彩起反应，而心情抑郁的人一般容易对形状起反应。对色彩反应占优势的人在受刺激时一般很敏感，因而易受到外来影响，情绪起伏，易于外露。而那些易于对形状起反应的人则大都具有内向性格，对冲动的控制力很强，不容易动感情。

在对色彩的视觉反应中，人的行为是物体对人的外在刺激引起的，而为了看清形状，就要用自己的理智识别力去对外界物体做出判断。因此，观者的被动性和经验的直接性的综合作用是色彩反应的典型特征；而对形状知觉的最大特点，是主观上的积极控制。总之，凡是富有表现性的性质（色彩性质有时也包括形状性质），都能自发地产生被动接受的心理经验；而另一个式样的结构状态，却能激起一种积极组织的心理活动（主要指形状，但也包括色彩特征）。

不得不承认，色彩确实是好动的，它会将观赏者带入时间中去。它不仅仅有前进和后退的层次，还能产生对比，有时还和听觉、嗅觉、触觉的表象相复合，时而引人入胜，时而又拒人于千里之外。

为了把握形状和色彩视觉力量，采用两者“互补”的处理方法显示艺术家们的创造力。他们往往是无意识地利用了这种方法，更为有效地表现某种情调，以某种色彩特性去支持和突出形式的风格特点。回顾历史，曾经一度鼓吹禁欲，了无生命与生存之乐的哥特时期，常用冷色来突出建筑、雕塑及其尖削如钉而又轮廓鲜明的形式（图4-1-15）；相形之下，另一个以嬉戏奢华为乐事的巴洛克时期，则以乐观和充满生活之乐的鲜明色彩为那丰满而轻快的形式更添无上的“光彩”（图4-1-16）。

一般在设计中，形式的涵义都是有意识强调并以逻辑思维进行构思的。色彩在较多情况下则体现为一种直觉的运用，然而蕴合在形式中的节奏，还依赖于色彩的视觉心理作用。作为一种传达设计的基本视觉要素，色彩须经组合与构图来获得它自己的艺术生命，犹如音乐须经一系列音符的恰当选择与巧妙安排，才得以产生美妙动听之旋律一样，的确，色彩可在不止一种意义上与音乐相比。

图4-1-15　科隆大教堂内景

图4-1-16　巴黎朗贝尔公馆客厅

现代建筑设计，常是任由色彩本身创造一种造型上的节奏。像格罗皮乌斯、里特维尔德、密斯、柯布西耶等这些建筑师都做出了很好的尝试。将纯色糅合到建筑环境的节奏与结构中去，既有和谐的视觉效果，又能给人以新奇感（图4-1-17）。

可以说，色彩赋予了形式另一种生命、另一种神情气质和另一层存在意义，从而使得色彩也可被视为图形语言的一种。

色彩的感情作用以及色彩对人的心理、生理和物理状态的调节作用，通过建筑、交通、设施、设备等综合地全面地影响着我们的日常工作和生活，因此也影响到我们在设计实践中的应用。只有充分地进行色彩处理和搭配，才会使色彩有意义、有价值，同时也显示了色彩的社会意义。

色彩美的内涵体现在三个层面上：视觉上的审美印象，表现上的情感力量以及结构上的象征意义。象征性具有不可泯灭的社会文化价值，其中也包含着审美文化的传统因素和情感的传达力等因素，虽不是主要构成，却因这一群体历史文化的长期积淀，而具有潜移默化的作用（图4–1–18）。

图4–1–17　英国格林尼治千年穹顶

图4–1–18　具有浓郁墨西哥地方特色的色彩

色彩美的三个层面是相辅相成互为依存的有机整体，诚如色彩美学的创始人伊顿所言，缺乏视觉的准确性和没有力量的象征，将是一种贫乏的形式主义；缺乏象征的真实和没有情感能力的视觉印象，将只能是平凡的模仿和自然主义；而缺乏结构上的象征性或视觉力量的情感效果，也只会被局限在空泛的情感表现上。

在色彩设计上，美观并不是唯一的目的，这是对色彩设计的偏见和误解。美感也不可能是色彩设计的全部内容，美感是综合性的，是适应性、伴随性的。

色彩设计取决于两个方面：一是体现建筑本身的性质、用途，二是对建筑的使用考虑与色彩感觉。既要符合建筑的性能，又能促进社会对商品的好感与认识。因而色彩设计应在熟悉产品和消费的基础上，根据色彩情感的研究，找出最佳设计语言，从而使商品的形象色在消费者的直觉中形成最有效的信息传达，使之具有独有的特征。

1. 调节作用的表现

色彩的调节在室内环境的设计中起到重要的作用，既能改善室内环境的视觉感受，也能改变人的心理感受，塑造出一个良好的环境氛围。

（1）人得到安全感、舒适感和美感。

（2）有效利用光照，便于识别物体，减少眼睛的疲劳，提高注意力。

（3）形成整洁美好的室内环境，提高工作效率。

（4）危险地段及危险环境的指示用醒目的警界色做标识，减少事故和意外。

（5）对人的性格、情绪有调节作用，可以激发也可以抑制人的感情。

2. 室内环境的色彩调节

室内环境的色彩是一个综合的色彩构成，构成室内空间的各界面的色彩以材料及材料的颜色为主色，成为整个室内的大背景。而其中照明器、家具、织物及艺术陈设等，则会成为环境中的主体，并参与室内颜色的整体构成，因而室内的色彩需整体考虑才会最终达到满意的效果。

一般来讲，公共场所是人流集中的地方，因而应强调相对统一的效果，配色时应以同色相或近似色的浓淡系列为适宜（图4-1-19）。业务场所的视觉中心、标志等应有较强的识认性和醒目的特征，因而颜色会有所对比，并且饱和度会高些。同一个室间内，功能空间要求区分的话，可以用两个色以上的配合来得到。总之，我们在配色时可以按颜色的三大属性的任何一方面对颜色给以调控，从而求得理想的效果。

图4-1-19　三亚半山半岛酒店大堂

（1）明度上，结合照明，适当地设定天花、墙面及地面的色彩，如在劳动场所，天花明亮，地面暗淡易于分辨物品；天花明度及好的顶部照明，使人感到舒适；住宅中，若天花与地面明度接近，则易形成休息感和舒适感。夜总会、舞厅、咖啡厅则把天花做得比地面还暗，餐厅，天花则比地面稍弱，但应有温暖的橘黄色照明，可使就餐者食欲大增。

（2）从色相上，可按室内功能的要求决定色调，其用法非常自由，按不同的气氛不同的环境需求来做变幻，可以说变幻无穷。

（3）纯度上，劳动场所不适合纯度过大，若纯度超过4会产生刺激，使人易疲劳。住宅和娱乐场所纯度偏大，一般为4~6，高纯度的色块可小面积使用。

形体、质感与色彩是构成空间的最基本要素，色先于形，它能使人对形体有完整的认识，并产生各种各样的联想。对人眼的生理特点的研究表明，眼睛对颜色的反应比形体要直接，即“色先于形”。这就是为什么我们通常会首先记住建筑物或物体的颜色，其后才是形状的原因。因而在环境及空间的塑造上，颜色的设计是不容忽视的一环。

建筑环境色彩设计既包括建筑学、生理学、心理学的内容，也包括物理学的内容。下面以工业建筑和民用建筑为例说明色彩设计的作用。工业建筑内的色彩设计。

（1）改善视力作业条件，降低劳动强度，提高操作的准确性，从而提高产品质量和生产效率。

（2）降低疲劳强度，提高出勤率。

（3）有利于整顿生产秩序。

（4）减少生产事故，保障安全生产。

（5）提高车间内部的使用效果。

民用建筑内的色彩设计。

（1）能更好地体现建筑物的性质和功能，并具有空间导向、空间识别和安全标志的作用。

（2）可改善建筑内部空间和实体的某些不良形象和尺度，是调节室内空间形象和空间过渡的有效手段。

（3）可以提高建筑内部空间的卫生质量和舒适度，有利于身心健康。

（4）可创造有性格、有层次和富于美感的空间环境。

（5）利用色彩可配合治疗某些疾病。

（二）色彩的搭配与协调

两种以上色的组合叫作配色。配色若给人以愉快舒服的感觉这种配合就叫作调和，反之，配色给人以不舒服感，就叫不调和。但由于人们对色彩的感觉不同，若非专业人士，大多数人对色彩的理解都比较感性，甚至有的人对色彩感觉迟钝，所以对色彩的理解是不同的。而从色彩本身来讲，不同材质，不同照明环境等都会令色彩产生不同的效果，所以我们所讲的色彩调和即针对上述现象来考虑的。

1. 色彩的搭配

色彩的搭配，即色彩设计，必须从环境的整体性出发，色彩设计得好，可以起到扬长避短、优化空间的效果，否则会影响整体环境的效果。我们在做色彩设计时，不仅仅要满足视觉上的美观需要，而且还要关注色彩的文化意义和象征意义。从生理、心理、文化、艺术的角度进行多方位、综合性的考虑。

（1）配色方法。

配色的方法都是从人类长期以来的经验中获得的。对大自然的感受和观察，对已经建成环境的理解和分析，都是获得配色方法的途径。

①汲取自然界中的现成色调，随春、夏、秋、冬四季的变化进行组合搭配，自然界的种种变化都是调和配色的实例，也是最佳范例。

②对人工配色实例的理解、分析和记忆，在实践中归纳和总结配色的规律，从而形成自己的配色方法。

（2）纯度调和。

①同一调和：同色相的颜色，只有明度的变化，给人感觉亲切和熟悉（图4–1–20）。

图4–1–20　香港国际机场

②类似调和：色相环上相邻颜色的变化统一，给人感觉自然、融洽、舒服，建筑内环境常以此法配色（图4–1–21）。

③中间调和：色相环上接近色的变化统一，给人感觉暧昧。

④弱对比调和：补色关系的色彩，明度相差大，但柔和的对比配色，给人以轻松明快的感觉。

⑤对比调和：补色及接近补色的对比色配合，明度相差较大，给人以强烈或强调的感觉，容易形成活泼、艳丽、富于动感的环境。

（3）色相调和。

色相调和就是对两种色相以上的颜色进行调和，有二色调和、三色调和、多色调和。

1）二色调和。

以孟赛尔色相环为基准，二色之间的差距可按下列情况来区分。

①同一调和：色相环上一个颜色范围之内的调和。由色彩的明度、纯度的变化进行

组合，设计时应考虑形体、排列方式、光泽以及肌理对色彩的影响。

②类似调和：色相环上相近色彩的调和。给人以温和之感，适合大面积统一处理，如能一部分设强烈色彩，另一部分弱些，或一部分明度高，另一部分低的形式处理，则能收到很理想的效果。

③对比调和：色相环上处于相对位置的色彩之间的调和，对比强烈，纯度相互烘托，视觉效果强烈，如一方降低纯度，效果会更理想。如二者为补色，效果更强烈（图4-1-22）。

综上所述，我们看到，两个色彩的调和，其实存在两种倾向，一种是使其对比，形成冲突与不均衡，从而留下较深刻的印象；另一种就是调和，使配色之间有共同之处，从而形成协调和统一的效果。

图4-1-21　同类色的运用令人感觉自然、舒适

图4-1-22　颜色的对比调和

2）三色调和。

①同一调和：三色调和同二色调合一致。

②正三角调和：色相环中间隔120° 的三个角的颜色配合，是最明快、最安定的调和，这种情况下以一种颜色为主色，其他二色为辅色。

③等边三角形调和：如果三个颜色都同样强烈，极易产生不调和感，这时可将锐角顶点的颜色设为主色，其他二色为辅色。

④不等边三角形调和：又叫任意三角形造色，在设色面积较大的情况下，效果突出。

3）多色调和。

四个以上颜色的调和，在色相环上形成四边形，五边形及六边形等。这种选色，决定一个是主色很重要，同时要注意将相邻色的明度关系拉开。

（4）明度调和。

明度调和主要包括以下三类。

1）同一和近似调和。

这种调和具有统一性但缺少变化，因而需变化色相和纯度进行调节，多用于需沉静稳定的环境。

2）中间调和。

若纯度、明度都一致会显得无主次和层次，因而适当改变纯度，可取得更好的效果，容易形成自然、明朗的气氛（图4-1-23）。

图4-1-23　通过调整纯度进行调和

3）对比调和。

有明快热烈的感觉，但多少有点生硬，可将色相、纯度尽量一致。

（5）纯度调节的方法。

以下介绍几类纯度调节的方法。

①同一和近似调和。有统一和融洽的感觉，但感觉平淡，可通过改变色相和明度予以加强。

②中间调和。有协调感，但有些暧昧不清爽，可通过改变明度和色相，即加大对比，使其生动。

③对比调和。给人明快、热闹之感，但易过火，确立主色，加大面积比或改变色相可得到较正。

（6）颜色的位置。

颜色的位置需根据周围环境与使用功能来选择。

①明亮色在上，暗淡色在下，会产生沉着、稳定的安全感；反之，则产生动感和不安全感。

②室内天花若使用重色会产生压迫感，反之轻快。

③色相、明度与纯度按等差或等比级数间隔配置，可产生有层次感、节奏感的色彩装饰或空间效果（图4-1-24）。

图4-1-24　有层次感、节奏感的色彩空间效果

（7）颜色使用面积的原则。

在颜色使用面积的问题上，有以下两个原则可遵守。

①大面积色彩应降低纯度，如墙面、天花、地面的颜色，但为追求特殊效果可例外。小面积色彩应提高纯度，多为点缀饰物，以活跃气氛（图4-1-25）。

②明亮色，弱色面积应扩大，否则暗淡无光。暗色、强烈色可缩小面积，否则会显得太重或太抢眼。

（8）配色的修正。

配色的过程中往往会感到有些不如意或不理想之处，可以用一些方法来补救。

①明度、纯度、色相分别作调整，直至视觉上舒服，或者在面积上做适当调整，一般是深色或重色可以盖住浅色和轻色。

②在色与色之间加无彩色和金银线加以区分，或加适当面积的黑、白、灰予以调节（图4-1-26）。

图4-1-25　小面积色彩应提高纯度，多为点缀饰物，以活跃气氛

图4-1-26　色与色之间加无彩色和金银线加以区分

③用重点色，在面积上和形式上占优势，并做适当调和。

2. 色彩协调的一般原理

形态、色彩和材质等要素综合在一起共同构成了我们周围的环境，这些环境因素都可以直接诉诸视觉并产生美感，但是色先于形，色彩是最快速、最直接作用于视觉的。在我们不经心地观看周围时，首先感受到的就是色彩，因此在一定程度上可以这样说，色彩是感性的，而形态是理性的。同样形态和材质的空间因为色彩的不同可以形成差别极大的气氛，因此色彩设计对于环境艺术设计来说至关重要。如何通过色彩设计来满足不同的功能需要，创造某种环境气氛，产生某种特殊的效果，都是需要我们花费时间和精力去研究和探索的。色彩配色的基本要求是协调，然后在协调的基础上，根据需要创造出不同的配色关系，如调和的协调、对比的协调等。色彩的配色原则同样遵循艺术的基本法则，即统一与对比，在统一的基础上寻求对比，寻求变化。

（1）单一色相的协调。单一色相的协调就是用属于同一种色相的颜色，通过它们明度或纯度的差异来取得变化。这种协调方法不仅简单、有效，而且会产生朴素、淡雅的效果，一般用于高雅、庄重的空间环境。这种色彩的处理可以有效地弥补空间中存在的缺陷，实现空间内部不同要素之间的协调和统一。同样，单一的色相有时会给人过于单调和缺少变化的感觉，这可以通过形态和材质方面的对比来进行调整（图4-1-27）。

（2）类似色相的协调。类似色是指色环上比较接近的颜色，是除对比色之外的其他颜色，如红与橙、橙与黄、黄与绿、绿与青等。它们之间有着共同的色彩倾向，因此是比较容易统一的。在许多情况下，如果有两种颜色不协调，只要在一种颜色里加进同一种别的颜色，就能获得协调的效果。与单一色相相比，类似色就多了些色彩变化，可以形成较丰富的色彩层次。类似色配色，若仍过于朴素和单调，也可以在局部用小面积的对比色，或者通过色相、明度、纯度来加以调整，以增加其变化（图4-1-28）。

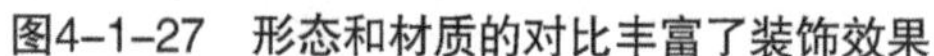

图4-1-27　形态和材质的对比丰富了装饰效果

图4-1-28　类似色相的协调

（3）对比色的协调。对比色所指的是色环上介于类似色到补色之间的色相阶段，如红、黄、蓝或橙、绿、紫这样的色彩配色。这样的搭配在色环上呈三角形。对比色可以表现出色彩的丰富性，但需要注意的是容易造成色彩的混乱。一般的经验是首先要有一个基本色调，即用一个颜色为基本的环境色彩，然后在较小的面积上适用对比色，也可以通过降低一种颜色的纯度或明度，形成环境色彩的基调，然后再配以对比色，这也是一个非常有效的处理方法。在色彩的纯度上不要同时用同一纯度，用不同的纯度产生变化，更易于协调，获得赏心悦目的效果，由于对比色的色阶较宽，它的采用就有更多的变化，得到的效果就会更加丰富、生动、活泼（图4-1-29）。

（4）补色的协调。补色是色环上相对立的色，如红与绿、橙与青、黄与紫等，这是性质完全不同的对比关系。因此，使用补色的效果非常强烈、突出，运用得好，会极有表现力和动感。由于补色具有醒目、强烈、刺激的特点，所以在室内环境中多用于某些需要活泼、欢快气氛的环境里，如迪斯科舞厅等娱乐场所，或者某些需要突出的部位和重点部分，如门头或标志等。补色协调的关键在于面积的大小以及明度、纯度的调整。一般来说，要避免在面积、明度及纯度上的调整，因为这样势必造成分量上的势均力敌，无主次之分，失去协调感。补色协调的要领有三：主次明确，疏密相间，通过中间色。主次明确就是要有基调，如万绿丛中一点红，绿为主，红为点缀，这样有主有次，对比强烈，效果突出，如果是红一半，绿一半，那么必然分不清主次。当然，真的是红的一半，绿的一半，可以采用疏密相间的办法，把红的一半面积分散成小块面积，绿的也同样，然后相互穿插组合，又是另一种视觉效果。可见，尽管实际面积没变，但组合方式变了，结果又不一样了。补色之间有时还可以利用中间色，如金、银、白等来勾画图案或图形的边，这样可以起到缓冲对比过于强烈的作用（图4-1-30）。

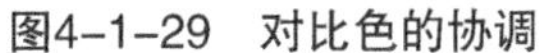

图4-1-29　对比色的协调

图4-1-30　补色的协调

（5）无彩色与有彩色及光泽色配色。无彩色系由黑、白、灰组成。在室内设计里，也可以把某些带有些微有色色相的高明度色看作无彩色系列，如米色、高明度的淡黄色等。由无彩色构成的室内环境可以非常素雅、高洁和平静。白与黑也是中和、协调作用极强的色彩。譬如，某些家具色彩组合过于繁杂，可以用白色墙面或灰色墙面做背景加以中和（图4-1-31）。

无彩色与有彩色的协调也是比较容易的。用无彩色系做大面积基调，配以有彩色系做重点突出或点缀。这样可以形成对比，避免无彩色的过分沉寂、平静，也可以免于浓重色彩造成的喧闹。无彩色具有很大的灵活性、适应性，因此，在室内环境设计中被大量应用（图4-1-32）。

图4-1-31　家具和陈设的色彩组合繁杂，用白色墙面或灰色墙面做背景加以中和

图4-1-32　用无彩色系做大面积基调，配以有彩色系做重点突出或点缀

有光泽的金色、银色也属于中间色，也可以起缓冲、调节作用，有极强的协调性和适应性。金色无论与什么色配合都可以起到协调效果。金、银色用得多，可以形成富丽堂皇的感觉，体现某种高贵，但如果运用过滥，易造成庸俗的感觉。因此，如不是需要体现一定的华丽辉煌的气氛时，也应慎重运用金色、银色，尤其对金色的运用要慎之又

慎（图4-1-33）。

严格来说，色彩的搭配和组合是无定式可循的，具体的环境要具体分析才能确定。上述的配色方法只是一个基于经验的理性认识，是抽象理解的一般性知识。它只能帮助我们在实践中去加深理解色彩设计的知识，使我们对色彩的感觉和感受更加敏锐。在色彩设计方面，一般的规律和方法有助于培养和强化我们的能力，而我们更需要的是敏锐的观察力、丰富的想象力和独特的创造力。

图4-1-33　室内环境中金色的使用

3. 配色时需要注意的问题

色彩搭配是一个比较复杂的工作，在色彩搭配时，有时由于经验不足或其他种种原因，会出现一些我们意想不到的问题，应该引起关注，尽量避免，如色彩的变色和变脏问题。

变色是指有些材料如纺织品、塑料、涂料及有些金属，长期暴露在日光和空气中，会因风吹日晒引起氧化等一系列反应，产生颜色变化，因而在做室内色彩的选择时，要考虑到所选用材料变色与退色的因素，这样才能使房间的色彩效果历久弥新。变脏，是一种由于真空和长期使用造成的脏，可以采用清洗或耐脏材料或可清洗材料来处理。还有一种就是颜色使用不当，例如有些纯度低的颜色和混沌的颜色相配使用，会使二者都互相排斥和抵消，使得颜色显得混浊不洁净。因此，在设计中配色时要注意以下几个事项。

（1）按使用要求选择的配色应与环境的功能要求、气氛环境要求相适应。

（2）是否与使用者的性格、爱好相符合。

（3）检查一下用的是怎样的色调来创造整体效果的。

（4）与照明的关系，光源和照明方式带来的色彩变化应不影响整个气氛的形成。

（5）选用材料时是否注意了材料的色彩特征。

（6）尽量减少用色，即色彩的减法原则。

（7）是否与室内构造、样式风格相协调。

（8）要考虑到与邻房的关系，考虑到人从一个房间到另一个房间心理适应能力。

第二节　室内光环境设计

勒·柯布西耶（Le Corbusier）在《走向新建筑》中写道："建筑是集合在阳光下的体量所作的巧妙、恰当而卓越的表演。我们的眼睛生来就是为了观察光线中的形体。光与影展现了这些形体……"太阳是人类取之不尽的源泉，它以无尽的光和热哺育大地，它照亮了整个世界，也照亮了我们工作、生活、栖居的建筑形体和空间（图4-2-1）。太阳光随着时间和季节的变化而变化。日光将变化的天空色彩、云层和气候传送到它所照亮的表面和形体上去。建筑墙体的遮挡使内部空间的采光成为环境设计中的一个重要课题。

图4-2-1　美国纳帕溪谷的一座酒庄

一、自然采光

因为阳光通过我们在墙面设置的窗户或者屋顶的天窗进入室内，投落在房间的表面，使色彩增辉，质感明朗，使得我们可以清楚明确地识别物体的形状和色彩。由于太阳朝升夕落而产生的光影变化，又使房间内的空间活跃且富于变化（图4-2-2）。阳光的强度在房间里不同角度形成均匀地扩散，可以使室内物体清晰，也可使形体失真，可以创造明媚亮丽的气氛，也可以由于阴天光照不好形成阴沉昏暗的效果，因而在具体设计中，我们必须针对具体情况进行调整和改进。因为阳光的明度是相对稳定的，它的方位也是可以预知的，阳光在房间的表面、形体内部空间的视觉效果取决于我们对房间采光的设计——即窗户、天窗的尺寸、位置和朝向（图4-2-3）。从另一方面讲，我们对太阳光的利用却是有限的，在太阳落山之后，我们就需要运用人工的方法来获得光明，在获得这个光明的过程中，人类做出的努力，要远比直接摄取太阳光付出的代价大得多。从自然中获取火种，到钻木取火、发明火石和火柴，直到能获得电源，这段历程可谓漫长而曲折，最终，电给人类带来了持久稳定的光明，并使得今天的人类一刻也离不开电源。因此，我们把光环境的构成，分作自然采光下的光环境、人工采光状态下的光环境以及二者的结合这三部分。

图4-2-2 日光在墙面上形成丰富的光影变化

自然光是最适合人类活动的光线，而且人眼对自然光的适应性最好，自然光又是最直接、最方便的光源，因而自然光即日光的摄取成为建筑采光的首要课题。在环境设计中，天然光的利用称作采光，而利用现代的光照明技术手段来达到我们目的的称为照明。室内一般以照明为主，但自然采光也是必不可少的。利用自然光是一种节约能源和保护环境的重要手段，而且自然光更符合人心理和生理的需要，从长远的角度看还可以保障人体的健康。将适当的昼光引进到室内照明，并且能让人透过窗子看到窗外的景物，是保证人的工作效率及身心舒适满意的重要条件。同时，充分利用自然光更能满足人接近自然、与自然交流的心理需要。另外，多变的自然光又是表现建筑艺术造型、材料质感、渲染室内环境的重要手段。所以，无论从环境的实用性还是美观的角度，都要求设计师对昼光进行充分的利用，掌握设计天然光的知识和技巧。早在古人学会建造房屋时，他们就掌握了在墙壁和屋顶上开洞利用天然光照明的方法。近现代的著名建筑大师，如弗兰克·劳埃德·赖特（Frank Lioydwrignht）、路易斯·康（Louislsadore Kahn）、埃罗·沙里宁（Eero Saarinen）、贝聿铭、安藤忠雄（Tadao Ando）等人的作品，都充分地运用了昼光照明来渲染气氛。

图4-2-3 科隆路德维希博物馆的天窗

（一）洞口的设置

洞口的朝向一般设在一天中某些能接受直接光线的方向上，直射光可以接受充足的光线，特别是中午时分，直射光可以在室内形成非常强烈的光影变化，但是直射光也有容易引起眩光、局部过热以及导致眼睛在辨别物体时发生困难等缺点；强烈的直射光还易使室内墙面及织物等退色，或产生光变反应。要解决这些问题，我们就要因势利导，充分发挥直射光的长处，来弥补它的不足。譬如，利用直射光是变化和运动的特点，来表现和强调元素的造型、表面的肌理等，以及用来渲染环境的氛围（图4–2–4）。洞口也可以避开直射光开在屋顶，接受天穹漫射的不太强烈的光线，这种天光是一个非常稳定的日光源，甚至阴天仍然稳定。而且有助于缓和直射光，平衡空间中的照射水平。譬如在有些工厂的厂房和对光有特殊需要的教室中，都会采用天窗这种形式。常用的天窗形式有矩形、M形、锯齿形、横向下沉式、横向非下沉式、天井式、平天窗以及日光斗等（图4–2–5）。

（二）天然光的调节与控制

洞口的位置将影响到光线进入室内的方式和照亮形体及其表面的方式。当整个洞口位于墙面之中时，洞口将在较暗的墙面上呈现为一个亮点，若洞口亮度与沿其周围的暗面对比十分强烈时，就会产生眩光。眩光是由房间内相邻表面或面积的过强亮度对比度引起的，这时可以通过允许日光从至少两个方向进入来加以改善。

当一个洞口布置在沿墙的边缘，或者布置在一个房间的转角时，通过洞口进入的日光将照亮相邻的和垂直于开洞的面。照亮的表面本身将成为一个光源，并增强空间中的光亮程度。附加要素如洞口的形状和组合效果等，将影响到进入房间光线的质量，其综合效果反映在它投射到墙面上的影形图案里；洞口透光材料及不同角度格片的设置也会影响到室内的照度。而这些表面的色彩和质感将影响到光线的反射性，并会对空间的光亮程度进行调整。

图4–2–4　洛杉矶盖蒂艺术中心门厅

为了提高室内的光照强度，控制光线的质量，在采光口设置各种反射、折光调整装置，以控制和调整光线，使之更加充分更加完善地为我们所用。在设计中常见的调节和控制方式有。

（1）利用透光材料本身的反射、扩散和折射性能控制光线。

（2）利用对面及邻近建筑物的反射光。

（3）利用遮阳板、遮光百叶、遮光格栅的角度改变光线的方向、避免直射阳光（图4-2-6）。

（4）利用遮阳格栅或玻璃砖的折射以调整室内光照的均匀度。

（5）利用雨罩、阳台或地面的反射光增加室内照度。

（6）利用反射板增加室内照度。

（7）利用特殊控光设施调控进入到室内的光亮（图4-2-7）。

图4-2-5　新加坡节日酒店大堂

二、人工采光

与自然采光相对而言的就是人工采光，人工采光也称人工照明。我们生活和工作的室内环境主要依靠的是人工照明，尤其是在大型的建筑内部。

图4-2-6　用遮光格栅来调节日照

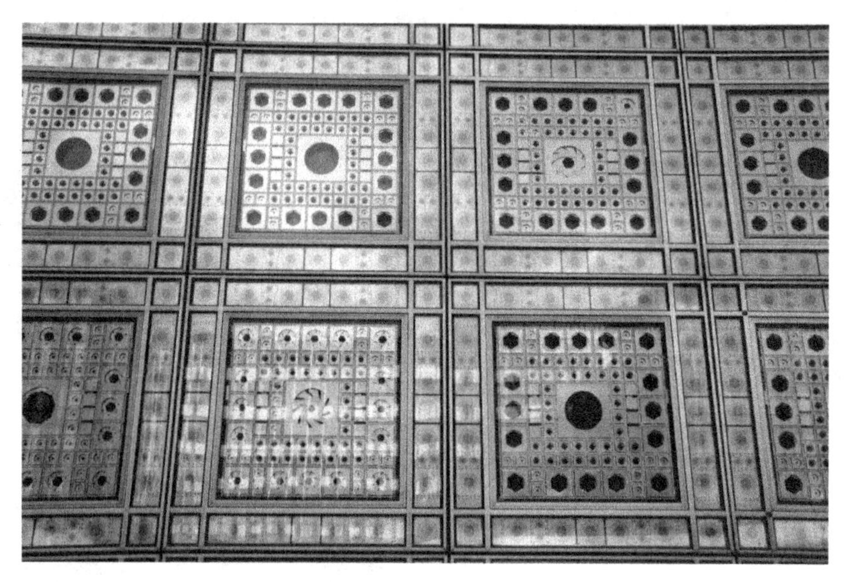

图4-2-7　阿拉伯世界研究中心智能调控窗

（一）人工采光的概念

通过人工方法得到光源，即通过照明达到改善或增加照度提高照明质量的目的，称为人工采光。人工采光可用在任何需要增强改善照明环境的地方，从而达到各种功能上和气氛上的要求。

（二）人工采光要求的适当照度

根据不同时间、地点，不同的活动性质及环境视觉条件，确定照度标准，这些照度标准，是长期实践和实验得到的科学数据。

1. 光的分布

主照明面的亮度可能是形成室内气氛的焦点，因而要予以强调和突出。工作面的照明、亮度要符合用眼卫生要求，还要与周围相协调，不能有过大的对比。同时要考虑到主体与背景之间的亮度与色度的比值（图4-2-8）。

（1）工作对象与周围之间（如书与桌）的比为3∶1。

（2）工作对象与离开它的表面之间（如书与地面或墙面）的比为5∶1。

（3）照明器具或窗与其附近的比为10∶1。

（4）在普通视野内的比为30∶1。

2. 光的方向性与扩散性

一般需要表现有明显阴影和光泽要求的物体的照明，应选择有指示性的光源，而为了得到无阴影的照明，则要选择扩散性的光源，如主灯照明（图4-2-9）。

3. 避免眩光现象

产生眩光的可能性很多，比如眼睛长时间处于暗处时，越看亮处越容易感到眩光现象，这种情况多出现在比赛场馆中，改善办法就是加亮观众席。在以视线为中心30°角的范围内是一个眩光区，视线离光源越近，眩光越严重。光源面积越大，眩光越显著。如果发生眩光，可采用两种方法降低眩光的程度，其一是使光源位置避开高亮光进

图4-2-8　橱窗的光与色

图4-2-9　发光顶棚

入视线的高度，其二是使照明器具与人的距离拉远。再有就是由于地面或墙面等界面采用的是高光泽的装饰材料，即高反射值材料，也容易产生眩光，这时可考虑采用无光泽材料。

4. 光色效果及心理反应

不同的场所对光源的要求有所不同，因而在使用上应针对具体情况进行相应调整和选择，以达到不同功能环境中满意的照明效果。

（三）光色的种类

光是有色彩倾向的，室内环境中光色更是如此，这一点我们在日常生活中都能感受得到。比如教室一般采用偏冷色的照明，卧室一般采用偏暖色的照明。光色分为暖色光、冷色光、日光型、颜色光源。

1. 暖色光

在展示窗和商业照明中常采暖色光与日光型结合的照明形式，餐饮业中多以暖光为主，因为暖色光能刺激人的食饮，并使食物的颜色显得好看，使室内气氛显得温暖；住宅多为暖色光与日光型结合照明。

2. 冷色光

由于冷色光源使用寿命较长，体积又小，光通量大，而且易控制配光，所以常做大面积照明用，但必须与暖色光结合才能达到理想的效果（图4-2-10）。

图4-2-10　冷色光

3. 日光型

日光型光源显色性好，露出的亮度较低，眩光小，适合于要求辨别颜色和一般照明时使用，若要形成良好气氛，常需与暖色光配合。

4. 颜色光源

通常由惰性气体填充的灯管会发出不同颜色的光，即常用的霓虹灯管，另外还可以是照明器外罩的颜色形成的不同颜色的光。常用于商业和娱乐性场所的效果照明和装饰照明。

（四）照明的作用

照明是用灯具来给空间提供光源的，除了这个基本功能以外，它还在空间中起到其他的一些作用。

1. 调节作用

室内空间是由界面围合而成的，人对空间的感受到各界面的形状、色彩、比例、质感等的影响，因而人的空间感与客观的空间有着一定的区别。照明在空间的塑造中起着相当大的作用。同时它还可以调节人们对空间的感受。也可以通过灯光设计来丰富和改善空间的效果，以弥补存在的缺陷。运用人工光的抑扬、隐现、虚实、动静以及控制投光角度与范围，以建立光的构图、秩序、节奏等手法，可以改善空间的比例，增加空间的层次。譬如，空间的顶界面过高或过低，可以通过选用吊灯或吸顶灯来进行调整，改变视觉的感受（图4-2-11）。顶界面过于单调平淡，我们也可以在灯具的布置上合理安排，丰富层次；顶面与墙面的衔接太生硬，同样可以用灯具来调整，以柔和交接线。界面的不合适的比例，也可以用灯光的分散、组合、强调、减弱等手法，改变视觉印象。用灯光还可以突出或者削弱某个地方。在现代的舞台上，人们常用发光舞台来强调、突出舞台，起到强调视觉中心的作用。灯光的调节并不限于对界面的作用，对整个空间同样有着相当的调节作用。所以，灯光的布置并不仅仅是提供光照的用途，而且照明方式、灯具种类、光的颜色还可以影响空间感。如直接照明，灯光较强，可以给人明亮、紧凑的感觉；相反，间接照明，光线柔和，光线经墙、顶等反射回来，容易使空间开阔。暗设的反光灯槽和反光墙面可造成漫射性质的光线，使空间具有无限的感觉。因此。通过对照明方式的选择和使用不同的灯具等方法，可以有效地调整空间和空间感（图4-2-12）。

图4-2-11　独具特色的吊灯调整了空间的尺度

图4-2-12　新加坡圣淘沙酒店

2. 揭示作用

照明还有各种不同的揭示作用。

（1）对材料质感的揭示：通过对材料表面采用不同方向的灯光投射，可以不同程度地强调或削弱材料的质感。如用白炽灯从一定角度、方向照射，可以充分表现物体的质感，而用荧光或面光源照射则会减弱物体的质感（图4-2-13）。

（2）对展品体积感的揭示：调整灯光投射的方向，造成正面光或侧面光，有阴影或无阴影，对于表现一个物体的体积也是至关重要的。在橱窗的设计中，设计师常用这一手段来表现展品的体积感（图4-2-14）。

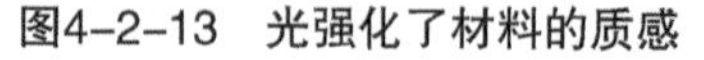
图4-2-13　光强化了材料的质感

图4-2-14　光对体积感的塑造

（3）对色彩的揭示：灯光可以忠实地反映材料色彩，也可以强调、夸张、削弱甚至改变某一种色彩的本来面目。舞台上对人物和环境的色彩变化，往往不是去更换衣装或景物的色彩，而是用各种不同色彩的灯光进行照射，以变换色彩，来达到适应气氛的需要（图4-2-15）。

3. 空间的再创造

灯光环境的布置可以直接或间接地作用于空间，用联系、围合、分隔等手段，以形成空间的层次感或限定空间的区域。两个空间的连接、过渡，我们可以用灯光完成。一个系列空间，同样可以由灯光的合理安排，来把整个系列空间联系在一起。用灯光照明的手段来围合或分隔空间，不像用隔墙、家具等可以有一个比较实的界限范围。照明的方式是依靠光的强弱来造成区域差别的，以在空间实质性的区域内再创造空间。围合与分隔是相对的概念，在一个实体空间内产生了无数个相对独立的空间区域，实际上也就等于将空间分隔开来了。用灯光创造空间内的空间这种手法，在舞厅、餐厅、咖啡厅、宾馆的大堂等这样的空间内的使用是相当普遍的（图4-2-16）。

图4-2-15 G20杭州峰会演出现场

图4-2-16 利用灯光营造不同的功能区域

4. 强化空间的气氛和特点

灯光有色也有形，可以渲染气氛。如舞厅的灯光可以制造空间扑朔迷离，富有神秘的色彩，形成热烈欢快的气氛；教室整齐明亮的日光灯可以使人感觉简洁大方、新颖明快，形成安静明快的气氛；而酒吧微暗、略带暖色的光线，给人一种亲切温馨浪漫的情调和些许暧昧的色彩。另外，灯具本身的造型具有很强的装饰性，它配合室内的其他装修要素，以及陈设品、艺术品等，一起构成强烈的气氛、特色和风格。如中国传统的宫灯造型，日本的竹、纸制作的灯罩，欧洲古典的水晶灯具造型，都有非常强烈的民族和地方特色，而这些正是室内设计中体现风格特点时不可缺少的要素（图4-2-17）。

5. 特殊作用

在空间设计中，灯除了提供光照，改善空间等需要的照明外，还有一些特殊的地方需要照明。例如，紧急通道指示、安全指示、出入口指示等，这些也是设计中必须注意的方面。

图4-2-17　芳菲苑大宴会厅

（五）光照的种类

由于使用的灯具造型和品种不同，从而使光照产生不同的效果：所产生的光线大致可以分为三种：直射光、反射光和漫射光。

1. 直射光

直射光是指光源直接照射到工作面上的光，它的特点是照度大，电能消耗小。但直射光往往光线比较集中，容易引起眩光，干扰视觉。为了防止光线直射到我们的眼睛而产生眩光，可以将光源调整到一定的角度，使眼睛避开直射光，或者使用灯罩，这样也可以避免眩光，同时还可以使光集中到工作面上。在空间中经常用直射光来强调物体的体积，表现质感，或加强某一部分的亮度等。选用灯罩时可以根据不同的要求决定灯罩的投射面积。灯罩有广照型和深照型，广照型的照射面积范围较大，深照型的光线比较集中，如射灯类（图4-2-18）。

2. 反射光

反射光利用光亮的镀银反射罩的定向照明，是光线下部受到不透明或半透明的灯罩的阻挡，同时光线的一部分或全部照到墙面或顶面上，然后再反射回来的现象。这样的光线比较柔和，没有眩光，眼睛不易疲劳。反射光的光线均匀，因为没有明显的强弱差。所以空间整体会比较统一，空间感觉比较宽敞。但是，反射光不宜表现物体的体积感和对于某些重点物体的强调。在空间中反射光常常与直射光配合使用（图4-2-19）。

3. 漫射光

漫射光是指利用磨砂玻璃灯罩或者乳白灯罩以及其他材料的灯罩、格栅等使光线形成各种方向的漫射，或者是直射光、反射光混合的光线。漫射光比较柔和，且艺术效果好，但是漫射光比较平，多用于整体照明，如使用不当，往往会使空间平淡，缺少立体感（图4-2-20）。我们可以利用以上所讲的三种不同光线的特点，以及它们的不同性质，在实际设计中，使三种光线有效地配合使用，根据空间的需要分配三种不同的光可以产生多种照明方式。

图4-2-18　射灯的直射光为绘画提供了重点照明

图4-2-19　反射光

图4-2-20　洛杉矶迪士尼音乐厅

（六）照明方式

室内的照明方式可以分为直接照明、间接照明、漫射照明、半直接照明、半间接照明。在室内环境的照明设计中，只有类似教室、办公室这样空间采用单一的照明方式，大多室内环境都是采用两种以上的照明方式。

1. 直接照明

直接照明就是全部灯光或90%以上的灯光直接投射到工作面上。直接照明的好处是亮度大，光线集中，暴露的日光灯和白炽灯就是属于这一类照明。直接照明又可以根据灯的种类和灯罩的不同大致分为三种：广照型、深照型和格栅照明。广照型的光分布较广，适合教室、会议室等环境；深照型光线比较集中，相对照度高，一般用于台灯、工作灯，供书写、阅读等用；格栅照明光线中合有部分反射光和折射光，光质比较柔和，比广照型更适宜整体照明。

2. 间接照明

间接照明是90%以上的光线照射到顶或墙面上，然后再反射到工作面上。间接照明以反射光为主，特点是光线比较柔和，没有明显的阴影。通常有两种方法形成间接照明：一种是将不透明的灯罩装在灯的下方，光线射向顶或其他物体后再反射回来；另一种是把灯设在灯槽内，光线从平顶反射到室内成间接光线。

3. 漫射照明

灯光射到上下左右的光线大致相同时，其照明便属于这一类。有两种处理方法：一种是光线从灯罩上口射出经平顶反射，两侧从半透明的灯罩扩散，下部从格栅扩散；另一种是用半透明的灯罩把光线全部封闭产生漫射。这类光线柔和，视感舒适。

4. 半直接照明

半直接照明是60%左右的光线直接照射到被照物体上，其余的光通过漫射或扩散的方式完成。在灯具外面加设羽板，用半透明的玻璃、塑料、纸等做伞形灯罩都可以达到半直接照明的效果。半直接照明的特点是光线不刺眼，常用于商场、办公室顶部，也用于客房和卧室。

5. 半间接照明

半间接照明是60%以上的光线先照到墙和顶上，只有少量的光线直接射到被照物上。半间接照明的特点和方式与半直接照明有类似之处，只是在直接与间接光的量上有所不同。

（七）照明的布局方式

照明的布局方式有四种，即一般照明（普遍照明）、重点照明（局部照明）、装饰照明和混合照明。

1. 一般照明（普遍照明）

所谓一般照明是指大空间内全面的、基本的照明，也可以叫整体照明，它的特点是光线比较均匀。这种方式比较适合学校、工厂、观众厅、会议厅、候机厅等。但是一般照明并不是绝对的平均分配光源，在大多数情况下，一般照明作为整体处理，需要强调突出的地方再加以局部照明（图4-2-21）。

2. 重点照明（局部照明）

重点照明主要是指对某些需要突出的区域和对象进行重点投光，使这些区域的光照度大于其他区域，起到使其醒目的作用。如商场的货架、商品橱窗等，配以重点投光，以强调商品、模特儿等。除此之外，还有室内的某些重要区域或物体都需要做重点照明处理，如室内的雕塑、绘画等陈设品以及酒吧的吧台，等等。重点照明在多数情况下是与基础照明结合运用的（图4-2-22）。

图4-2-21　外宾会见厅

图4-2-22　重点照明

3. 装饰照明

为了对室内进行装饰处理，增强空间的变化和层次感，制造某种环境气氛，常用装饰照。使用装饰吊灯、壁灯、挂灯等一些装饰性、造型感比较强的系列灯具，来加强渲染空间气氛，以更好地表现具有强烈个性的空间。装饰照明是只以装饰为主要目的的独立照明，一般不担任基础照明和重点照明的任务（图4-2-23）。

4. 混合照明

一般由以上三种照明共同组成的照明，称为混合照明。混合照明就是在一般照明的基础上，在需要特殊照明的地方提供重点照明或装饰性照明。一般在商店、办公楼、酒店等这样的场所中大都采用混合照明的方式（图4-2-24）。

图4-2-23　装饰照明

图4-2-24　北京王府井希尔顿酒店大堂

（八）照明设计的原则

“安全、适用、经济、美观”是照明设计的基本原则。

1. 安全

安全在任何时候都必须放在首先考虑的位置上，电源、线路、开关、灯具的设置都要采取可靠的安全措施，在危险的地方要设置明显的警示标志，并且还要考虑设施的安装、维修、检修的方便，安全和运行的可靠，以防止火灾和电气事故的发生。

2. 适用

适用性是指提供一定数量和质量的照明，满足规定的照度水平，满足人们在室内进行生产、工作、学习、休息等活动的需要。灯具的类型、照明的方式、照度的高低、光色的变化都应与使用要求一致。照度过高不但浪费能源，而且会损坏人的眼睛，影响视力；照度过低则造成眼睛吃力，或者无法看清物体，甚至影响工作和学习。闪烁的灯光可以增加欢快、活泼的气氛，但容易使眼睛疲劳，可以用在舞厅等娱乐场所，但不适用于工作和生活环境。

3. 经济

在照明设计实施中，要尽量采用先进技术，发挥照明设施的实际效益，降低经济造价，获得最大的使用效率。同时要符合我国当前的电力供应、设备和材料方面的生产水平。

4. 美观

合理的照明设计不仅能满足基本的照度需要，还可以体现室内的气氛，起到美化环境的作用；可以强调室内装修及陈设的材料质感、纹理、色彩和图案，同时恰当的投射角度有助于表现物体的轮廓、体积感和立体感，而且还可以丰富空间的深度感和层次感。因此装饰照明的设计同样需要进行艺术处理，需要设计师具备丰富的艺术想象力和创造力（图4-2-25）。

图4-2-25　新加坡万豪酒店

（九）照明设计的主要内容

照明设计主要有五个方面的内容：确定照明方式、照明的种类和照度的高低；确定灯具的位置；确定照明的范围；选择与确定光色；选择灯具的类型。而实际设计的过程中是非常复杂的，要综合考虑各种环境要素。

1. 确定照明方式、照明的种类和照度的高低

不同的功能空间需要不同的照明方式和种类，照明的方式和种类的选择要符合空间的性格和特点。此外，合适的照度是保证人们正常工作和生活的基本前提。不同的建筑物、不同的空间、不同的场所，对照度有不同的要求。即使是同一场所，由于不同部位的功能不同，对照度的要求也不尽相同。因此，确定照度的标准是照明设计的基础。对于照度的确定可以参考我国相关部门制定的《民用建筑照明设计标准》和《工业企业照明设计标准》。

图4-2-26　北京王府井希尔顿酒店电梯厅

2. 确定灯具的位置

要根据人们的活动范围和家具等的位置来确定。如看书、写字的灯光要离开人一定的距离，有合适的角度，不要有眩光等。而在需要突出物体体积、层次以及要表现物体质感的情况下，一定要选择合适的角度。在通常情况下需要避免阴影，但某些场合需要加强物体的体积或进行一些艺术性处理时，则可以利用阴影以达到效果（图4-2-26）。

3. 确定照明的范围

室内空间的光线分布不是平均的，某些部分亮，某些部分暗，亮和暗的面积大小、比例、强度对比等，是根据人们活动内容、范围、性质等来确定的。如舞台是剧场等的重要活动区域，为突出它的表演功能，必须要强于其他区域。某些酒吧的空间，需要宁静、祥和的气氛和较小的私密性空间，范围不宜大，灯光要紧凑（图4-2-27）；而机场、车站的候机、候车厅等场所一般都需要灯光明亮，光线布置均匀，视线开阔。确定照明范围时要注意以下几个问题。

（1）工作面上的照度分布要均匀。特别是一些光线要求比较高的空间，如精细物件（电子元器件等）等的加工车间、图书阅览室、教室等的工作面，光线分布要柔和、均匀，不要有过大的强度差异。

（2）发光面的亮度要合理。亮度高的发光面容易引起眩光，造成人们的不舒适感、眼睛疲劳、可见度降低。但是，高亮度的光源也可以给人刺激的感觉，创造气氛。譬如，天棚上的点状灯，可以有天空星星的感觉，带来某种气氛。原则上讲，在教室、办公室、医院等一些场所要尽可能避免眩光的产生。而酒吧、舞厅、客厅等可以适当地用高亮度的光源来造成气氛照明。

图4-2-27　酒吧紧凑的灯光设计

（3）室内空间的各部分照度分配要适当。一个良好的空间光环境的照度分配必须合理，光反射的比例必须适当。因为，人的眼睛是运动的，过于大的光照强度反差会使眼睛感到疲劳。在一般场合中，各部分的光照度差异不要太大，以保证眼睛的适应能力。但是，光的差异又可以引起人的注意，形成空间的某种氛围，这也是在舞厅、酒吧等空间中最有效、最普遍使用的手段。所以，不同的空间要根据功能等的要求确定其照度分配。

4. 选择与确定光色

不同的光色在空间中可以给人以不同的感受。冷、暖、热烈、宁静、欢快等不同的感觉氛围需要用不同的光色来进行营造（图4-2-28）。另外，根据天气的冷暖变化，用适当的光色来满足人的心理需要，也是要考虑的问题之一。

5. 选择灯具的类型

每个空间的功能和性质是不一样的，而灯具的作用和功效也是各不相同的。因此，要根据室内空间的性质和用途来选择合适的灯具类型。

（十）灯具的种类、造型与选型

灯具在室内设计中的作用不仅仅是提供照明，满足使用功能的要求，其装饰作用也为设计师们所重视和关注。仅达到光在使用上的功能要求是比较容易的事，只要经过严格的科学测试、分析，进行合理的分配，就可以基本上做到。但是，如何充分发挥灯具的装饰功能，配合设计的其他手段来体现设计意图则是一件艰难的工作。

现代灯具的设计除了考虑它的发光要求和效率等方面外，还要特别注重它的造型。因此，各种各样的形状、色彩、材质，无疑丰富了装饰的元素。当然，灯具的造型好坏，只是部分地反映它的装饰性，它的装饰效果只有在整个室内装修完成后才能充分体现。灯具作为整体装饰设计中的一部分，它必须符合整体的构思、布置，而决不能过于

图4-2-28　舞台灯光效果

强调灯具自身的装饰性。譬如，一个会议室或一个教室的照明布置，整个天棚用横条形的灯槽有序地排列，整体组成一幅很规则的图案，给人一种宁静的秩序感，这种图案式的布置本身就有很强的装饰性。由于受到空间属性、特点、风格等因素的局限，一个高级、豪华的水晶吊灯，在此并不能起到它的装饰作用。而这个豪华吊灯若装在一个比较宽大的，古典欧式风格的大厅里，就会使大厅富丽堂皇，起到装饰作用。灯具是装修的基本要素，犹如画家笔下的一种颜色，如何表现则需要设计师的灵感和智慧。灯具的选用要配合整体空间，有以下几个原则需要掌握。

（1）造型：造型是一个复杂的问题，不是三言两语可以解释清楚的。但一般来说，造型的配合可以从造型本身，环境的复杂或简单，线、面、体和总体感等方面去比较，看是否有共同性。

（2）尺度：灯具的大小体量和体积需要特别注意，尤其是一些大型吊灯，必须考虑空间的大小和高低，否则会给人尺度上的错觉。

（3）材质：材质上的共性与差异也是分析灯具与空间之间是否能够互相配合的主要因素。通常有些差别是合适的，但过大的差异，会难于协调。譬如，一个以软性材料为主的卧室装修，有布、织锦、木材等材料，给人比较温暖、亲切的感觉，假如装上一个不锈钢的、线条很硬的灯具造型，效果恐怕不会太好。

实现灯具的装饰功能，除了选用合适的、有装饰效果的灯具外，同时也可以用一组或多个灯具组合成有趣味的图案，使它具有装饰性。另外，用灯的光影作用，造成许多有意味的阴影也是一种有效的手法。

1. 灯具的种类

不同种类的灯具有不同的功能和特点，设计师应根据不同种类、不同造型的灯具特点，来满足室内环境的不同需要。

（1）按安装固定的部位分类。

灯具可以安装在天花、墙面、地面上，按安装固定的部位分为天棚灯具、墙壁灯具、落地灯具、台灯和特种灯五类。

1）天棚灯。

天棚灯具是位于天棚部位灯具的总称，它又可以分为吊灯和吸顶灯。

吊灯：根据吊灯的吊杆等固定方式的不同，吊灯又可以大致分为杆式、链式、伸缩式三种（图4-2-29）。

图4-2-29 吊灯

杆式吊灯——从形式上可以看成是一种点、线组合灯具，吊杆有长短之分。长吊杆突出了杆和灯的点线对比，给人一种挺拔之感。

链式吊灯——用金属链代替杆的灯具。

伸缩式吊灯——采用可收缩的蛇皮管与伸缩链做吊件的灯具，可在一定的范围内调节灯具的高低。

吊灯绝大多数都有灯罩，灯罩的常用材料有金属、塑料、玻璃、木材、竹、纸等。吊灯多数用于整体照明，或者是装饰照明，很少用于局部照明。吊灯的使用范围广，无论是富丽堂皇的大厅，或者是住宅的餐厅、厨房等，都可使用吊灯。由于吊灯的位置处于比较显眼醒目的部位，因此，它的形式、大小、色彩、质地都与环境有密切关联，如何选择吊灯是一个需要仔细考虑的问题。

吸顶灯：吸顶灯是附着于顶棚的灯具（图30），它又分为以下几种。

凸出型——座板直接安装在天棚下，灯具凸出在天棚下面。在高大的室内空间中，为达到一定的装饰气氛和效果，常用该种类的大型灯具。

嵌入型——嵌入到顶棚内的灯具。这种灯具的特点是没有累赘，顶棚表面依旧平整简洁，可以避免由于灯具安装在顶棚外造成的压抑感。这种类型的灯具也有聚光和散光等多种式样。嵌入型的灯具经常可以造成一种星空繁照的感觉。

图4-2-30 吸顶灯

投射型——也是一种凸出型的灯具，但不同的是投射式强调的是光源的方向性。

隐藏型——看得见灯光但是看不见灯具的吸顶灯，一般都做成灯槽，灯具放置在灯槽内。

移动型——将若干投射式灯具与可滑动的轨道连成整体，安装在顶棚上的灯具，是一种可满足特殊需要的方向性射灯。此类灯具比较适合在美术馆、博物馆、商店、展示厅等空间里使用。

2）墙壁灯具。

墙壁灯具，即壁灯，大致有两种：贴壁壁灯和悬壁壁灯。大多数壁灯都有较强的装饰性，但壁灯本身一般不能作为主要光源，通常是和其他灯具配合组成室内照明系统（图4-2-31）。

图4-2-31 壁灯

3）落地灯。

落地灯是一种局部照明灯具，常用于客厅、起居室、宾馆的客房等。落地灯装饰性较强，有各种不同的造型，也便于移动（图4-2-32）。

4）台灯。

台灯也是主要用于局部照明的。书桌、床头柜、茶几上等都可以摆放台灯。它不仅是照明器，也是一个人们常用的陈设装饰品。台灯的形式变化很多，由各种不同的材料制成。台灯同样也应以室内的环境、气氛、风格等为依据来进行选择（图4-2-33）。

图4-2-32　落地灯

图4-2-33　台灯

5）特种灯具。

所谓特种灯具，就是指各种有专门用途的照明灯具。比如观演类专用灯具，包括专用于耳光、面光、台口灯光等布光用聚光灯、散光灯（泛光灯），及舞台上的艺术造型用的回光灯、追光灯，舞台天幕用的泛光灯，台唇的脚光灯，制造天幕大幅背景用的投影幻灯等，歌舞厅、KTV、茶座里或文艺晚会演出专用的转灯（单头及多头）、光束灯、流星灯等都属于特种灯具。

（2）按光源的种类分类。

灯具按光源的种类分为白炽灯、荧光灯两大类，荧光灯的样式非常多，有不同的色温和形式，选择余地非常大。出于节能和可持续发展的需要，白炽灯逐渐淘汰，被节能灯具取代。

1）荧光灯。

荧光灯是由于低压汞蒸汽中的放电而产生紫外线，刺激管壁的荧光物质而发光的。荧光灯分为自然光色、白色和温白色三种。自然光色的色温为6500K，其光色是直射阳光和蓝色天空光的结合，接近于阴天的光色；白色的色温为4500K，其光色接近于直射阳光的光色温；温白色的色温大约为3500K，接近于白炽灯。自然光色的荧光灯由于偏冷，人们不太习惯。后来出现了白色的荧光灯，蓝色成分较少，从此以后，白色荧光灯大量地被人们应用。荧光灯的优点是耗电量小，寿命长，发光效率高，不易产生很强的眩光，因此常用于工作、学习的环境和场所。荧光灯的缺点是光源较大，容易使景物显得平板单调，缺少层次和立体感。通常为了合理地使用灯光，可以将白炽灯与荧光灯配合起来使用。

2）白炽灯。

白炽灯是由于灯内的钨丝温度升高而发光的，随着温度的升高，灯光由橙而黄，由黄而白。白炽灯的色温为2400K，光色偏红黄，属暖色，容易被人们接受。白炽灯的缺点是发光效率低，寿命短，易产生较多的热量。

2. 灯具的造型

现今的灯具造型丰富多彩，各式各样的造型给室内设计师提供了极大的选择余地。尽管灯具的造型千变万化，品种繁多，但大体上可以分为以下几种类型。

（1）传统式造型。传统式造型强调传统的文化特色，给人一种怀旧的意味。譬如，中国的传统宫灯强调的是中国式古典文化韵味，安装在按中国传统风格装修的室内空间里，的确能起到画龙点睛的作用。传统造型里还有地域性的差别，如欧洲古典的传统造型的典型代表水晶吊灯，便来源于欧洲文艺复兴时期的崇尚和追求灯具装饰的风格。尽管现今这类造型并不是照搬以前的传统式样，有了许多新的形式变化，但从总体的造型格式上来说，依旧强调的是传统特点。日本的竹、纸制作的灯具也是极有代表性的例子。传统灯具造型使用时必须注意室内环境与灯具造型的文化适配性（图4-2-34）。

（2）现代流行造型。这类造型多是以简洁的点、线、面组合而成的一些非常明快、简单明朗，趋于几何形、线条型的造型。具有很强的时代感，色彩也多以响亮、较纯的色彩，如红、白、黑等为主。这类造型非常注意造型与材料、造型与功能的有机联系同时也极为注重造型的形式美（图4-2-35）。

图4-2-34　传统式造型的吊灯

图4-2-35　现代流行造型的吊灯

（3）仿生造型。这类造型多以某种物体为模本，加以适当的造型处理而成。在模仿程度上有所区别，有些极为写实，有些则较为夸张、简化，只是保留物体的基本特征。如仿花瓣形的吸顶灯、吊灯、壁灯等，以及火炬灯、蜡烛灯等。这类造型有一定的趣味性，一般适用于较轻松的环境，不宜在公共环境或较严肃的空间内使用（图4-2-36）。

（4）组合造型

这类造型由多个或成组的单元组成，造型式样一般为大型组合式，是一种适用于大空间范围的大型灯具。从形式上讲，单个灯具的造型可以是简洁的，也可以是较复杂的，主要还是整体的组合形式。一般都运用一种比较有序的手法来进行处理，如四方、六角、八合等，总的特点是强调整体规则性（图4-2-37）。

图4-2-36　仿生造型的吊灯

图4-2-37　组合造型壁灯

3. 灯具选型

室内设计中，照明设计应该和家具设计一样，由室内设计师提出总体构思和设计，以求得室内整体的统一。但是由于受到从设计到制作的周期和造价等一系列因素的制约，大部分灯具只能从商场购买，所以选择灯具成为一项重要的工作。

（1）灯具的构造。

为选好灯具，需要对灯具的构造有一定的了解，以便更准确地选择。从灯具的制造工艺来看，大体可分为以下几种。

①高级豪华水晶灯具：高级豪华水晶灯具多半是由铜或铝等做骨架，进行镀金或镀铜等处理，然后再配以各种形状（粒状、片状、条状、球状等）的水晶玻璃制品。水晶玻璃含24%以上的铅，经过压制、车、磨、抛光等加工处理，使制品晶莹透彻，菱形折光，熠熠生辉。另外，还有一种静电喷涂工艺，水晶玻璃经过化学药水处理，也可以达到闪光透亮的效果。

②普通玻璃灯具：普通玻璃灯具按制造工艺大致可以分为普通平板玻璃灯具和吹模灯具两种类型。普通平板玻璃灯具是用透明或茶色玻璃经刻花，或蚀花、喷砂、磨光、压弯、钻孔等各种工艺制作成的。吹模灯具是根据一定形状的模具，用吹制方法将加热软化的玻璃吹制成一定的造型，表面还可以进行打磨、刻花、喷砂等处理，加以配件组合成的灯具。

③金属灯具：金属灯具多半是用金属材料，如铜、铝、铬、钢片等，经冲压，拉伸折角等成一定形状，表面加以镀铬、氧化、抛光等处理。筒灯就是典型的金属灯具。

（2）选择灯具的要领。

在室内环境的设计中，灯具的选择特别重要。首先要满足基本的实用功能，其次要造型优美，也就是要满足形式感方面的要求。灯具与室内环境的设计要相得益彰，有时甚至会起到画龙点睛的作用。

①灯具的选型必须与整个环境的风格相协调。譬如，同是为餐厅设计照明，一个是西餐厅，另一个是中式餐厅，因为整体的环境风格不一样，灯具选择必然也不一样。一般来说，中式餐厅的灯具可以考虑具有中国传统风格的八角形挂灯或灯笼形吊灯等，而西餐厅也许选择玻璃或水晶吊灯更符合欧式风格。

②灯具的规格与大小尺度要与环境空间相配合。尺度感是设计中一个很重要的因素，一个大的豪华吊灯装在高大空间的宾馆大堂里也许很合适，突出和强调了空间特性。但是同一个灯具装在一间普通客厅或卧室里，它便可能破坏了空间的整体感觉。此外，选择灯具的大小要考虑空间的大小，空间层高较低时，尽量不要选择过大的吊灯或吸顶灯，可以考虑用镶嵌灯或体积较小的灯具。

③灯具的材料质地要有助于增加环境艺术气氛。每个空间都有自己的空间性格和特点，灯具作为整体环境的一个部分，同样起着相当的作用。无论空间强调的是朴素的、乡土气息的，还是强调富丽堂皇的、宫廷气氛的，都必须选用与材料质地相匹配的灯具。一般情况下，强调乡土风格的可以考虑用竹、木、藤等材料制作的灯具，而豪华水晶、玻璃灯具更适用于豪华一些的空间环境。

第五章　室外环境设计概述

室外环境设计作为我们居住生活空间的外延，是我们为了提高生活环境所创造的景观设计空间的集合，对室外环境设计的理解就是对景观设计的理解。室外环境设计起源于人类与生俱来对自然的改造活动，从远古时期人类在洞穴中的各种刻画，到后期人类以农业活动对环境的改造，无不体现出人们对自然环境功能和美感的追求。随着时代的变迁，景观设计从一种无意识的自由行为转变为一种团队化的专业行为，从形式、内容、方法和手段上都越来越丰富。在人们都特别注重环境质量和追求宜人的生活环境的当下，如何设计及构建和谐的人地关系，是现代室外环境设计的重要内容与设计前沿。

第一节　室外环境设计的概念

环境景观设计专注于对景观的改造与创作，景观设计概念的理解核心在于如何正确理解和把握景观的含义，在景观设计这项技艺的发展过程中，景观设计师需要提升自身的专业素养，对设计理念和技法进行不断地更新总结与完善，并不断完善对景观概念的理解，逐渐挖掘景观更深层次的含义（图5–1–1）。

图5–1–1　云南元阳梯田景观

一、景观和景观设计

什么是景观?由于每个人自身经历各异，研究方向不同，对环境的理解差异和各自设计切入点不一，最终形成的景观体验与理解是不同的。因此，如果从不同专业层面去对景观进行定义，就会有各种不同版本的解释。从地理学家的角度来看，景观被定义为一种地表景象，如城市景观、森林景观等（图5–1–2）；从艺术家的角度来看，景观作为表现与再现的对象，往往等同于风景（图5–1–3）；从建筑师的角度来看，景观作为建筑物的配景或背景（图5–1–4）。综上所述，从景观的组成元素来看，具有很强的综合性，可以理解为“土地及土地上的空间和物体所构成的综合体”（图5–1–5）。

图5–1–2　西藏布达拉宫景观

图5–1–3　九寨沟风景

图5-1-4　景观作为央视大楼的配景

图5-1-5　沈阳建筑大学插秧作为校园景观的一部分

景观设计可以认为是对各种造景元素的一种组合。从设计的层面来看，景观是一个由山石、水体、植物、建筑等造景元素所构成的集合体，景观设计是对这个集合体进行的一种科学和艺术相结合的创造。最终形成的景观设计作品，是在科学而艺术地运用山石、水体、植物、建筑等造景元素的基础上，创作出来的实用功能与艺术美感相结合的环境。为了达到景观设计的目的，需要对原有环境进行综合分析。科学地布局、艺术地进行景点分布与设计，采取改造、保护、恢复等手段，最终提交整体的景观解决方案，在审定后进行监理和实施（图5-1-6、图5-1-7）。

图5-1-6　中山岐江公园改造前

图5-1-7　中山岐江公园改造后（效果图）

二、景观设计的工作内容

景观设计需要对不同规模的地块采用不同角度的处理，景观设计的内容根据设计地块的大小不同，也有很大的不同。大面积的河域治理、城镇总体设计是从地理和生态角度出发（图5-1-8）；中等规模的主题公园设计、街道景观设计常常从规划和室外环境设计的角度出发；面积相对较小的城市广场、小区绿地，甚至住宅庭院等却是从详细规划与建筑的角度出发。但无论是哪一种规模，所有这些项目都涉及景观的各个因素。

景观设计是对不同景观形式的塑造。在景观设计过程中对景观因素的考虑，通常又可分为硬景观（图5-1-9）和软景观（图5-1-10）。硬景观是指人工设施，通常包括铺装、雕塑、棚架、座椅、灯光、指示牌等。软景观是指人工植被、河流等仿自然景观，

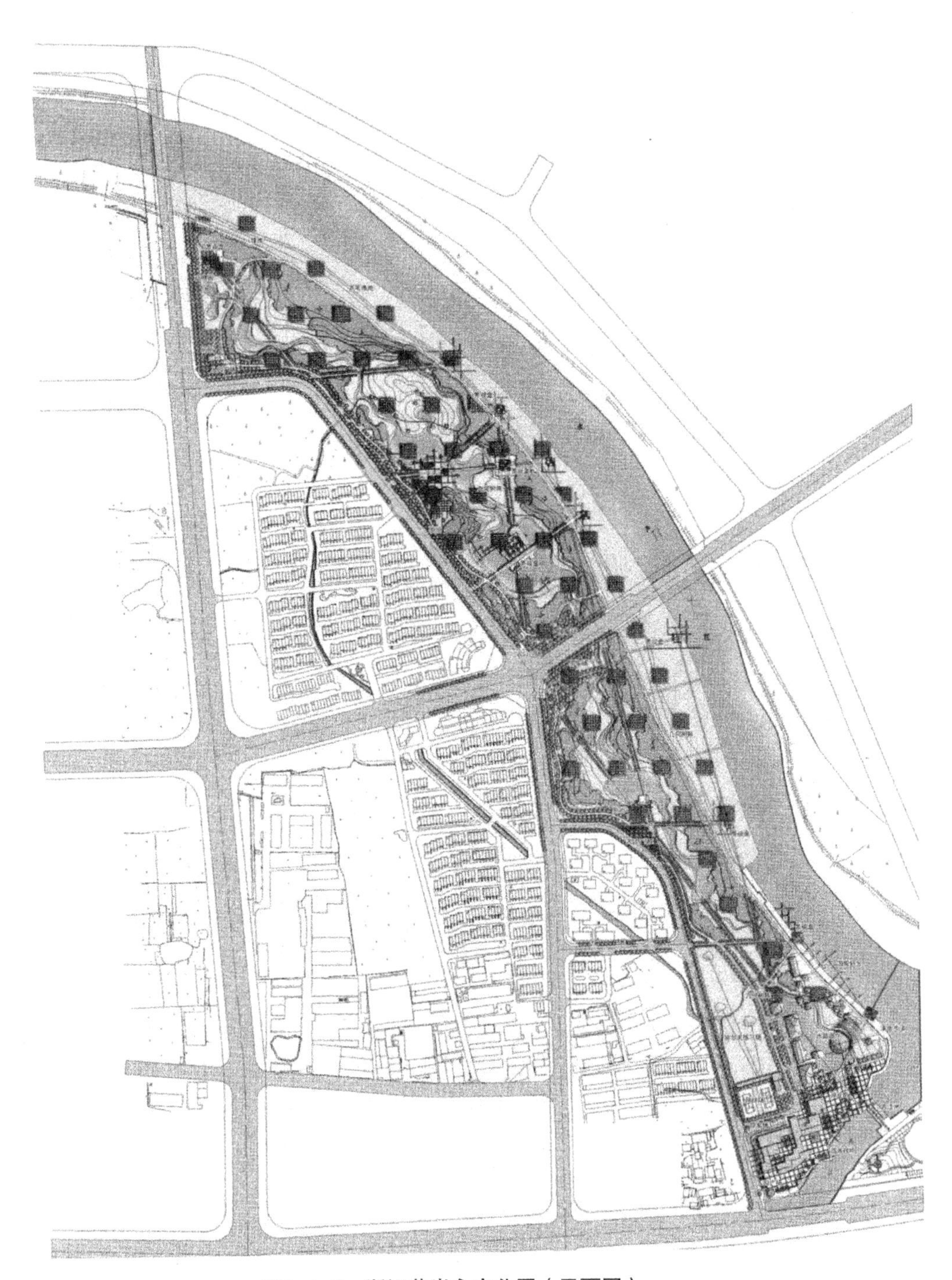

图5-1-8　浙江黄岩永宁公园（平面图）

图5-1-9 浙江黄岩永宁公园中的柱阵（梅花桩）

图5-1-10 浙江黄岩永宁公园中的芦苇与水体

如喷泉、水池、抗压草皮、修剪过的树木等。在设计过程中必须针对不同的设计要求进行合理的造景，并科学地处理各种造型形式与功能性之间的协调关系。

景观设计是一种多学科、多基址环境的综合设计。景观设计师就是合理运用自然因素（含生态因素）（图5-1-11）、社会因素来创建优美的、宜人的人居环境，运用地理学、设计艺术学、生态学、园林植物学、建筑学等方面的知识来设计景区、公园、城市绿地、城市广场道路和居住区等。

图5-1-11　法国巴黎百花园中烟囱桩造景

景观设计是一项关于土地利用和管理的活动。景观设计的内容包括公共空间、商业及居住用地场地设计、景观改造、城镇设计和历史保护等。从宏观意义上讲，景观设计是对未来景观发展的设想与安排，是资源管理与土地规划的过程与行为。从微观意义上讲，景观设计是指在某一区域创造一个由形态、形式因素构成的，有一定社会文化内涵及审美价值的景物。

景观设计需要做的就是对我们周边生活环境进行改造。景观设计作为一个专业技能，虽然在中国产生的时间并不长，但由于与我们的生活相关度较高，因此发展非常迅速。近年来，由于景观设计的介入，人们生活的城市景观发生了很大的变化，景观道路、城市广场、城市中心绿地、景观小品、商业步行街（图5-1-12）、主题公园（图5-1-13）等都给城市发展带来了新的气息，同时这些改变潜移默化地对人们的环境感观和景观环境中的行为方式产生重要影响。

景观设计是由环境中各种相互作用的基本要素所构成，这些景观设计表达的基本要素包括了视觉事物和视觉事件。由于景观设计中视觉事物和事件的多样性特点，决定了景观具有构成上的复杂性、内涵上的多义性、界域上的连续性、空间上的流动性和时间上的变化性等特点。在景观设计中，每个事件都有四维特性，并在一个四维的空间、时间连续体中占有特殊的位置。如历史景观保护、公共空间的创造等，都是景观设计进化过程中一个具体的时空事件，而不是单纯的空间事件或时间事件（图5-1-14）。历史

图5-1-12　武汉江汉路步行街景观雕塑

图5-1-13　大连金石滩发现王国主题公园

图5-1-14　中山岐江公园旧铁轨的记忆

过程仅仅是时间性的，而进化过程则兼具空间特性。时间合并了季节、气候、植物的生长、水的流动、景观的历史变迁等许多方面；而空间则涉及韵律与平衡、统一和变化、协调和对比、整体与局部等。景观设计是将视觉事物或事件置于一个特定的时空连续体中加以组合和表达，从而使景观的形式、意象和意义均能得以有效的呈现。在形式层面上，景观设计要赋予对象以外显的形态，如形状、尺度、色彩、肌理等，反映景观的表面属性；在意象层面上，景观设计通过对空间进行结构组织、符号化处理，使景观表现出相应的内涵。

第二节　室外环境设计的特征

一、形成特征

建筑的形成包含着长期性、复杂性和不确定性。建筑外环境由诸多要素构成，而期望每个要素同时诞生是几乎不可能的。一些规模较大的环境从开始建筑到基本成形要花费几年甚至数十年的时间。设计纽约中央公园的Frederick Law Olmsted感概道：“这是如此巨大的一幅图画，需要由几代人来共同绘制。”作为第四维度的时间，在环境的形成过程中起到了重要的作用。

同时构成环境的诸多要素都是特定的自然、经济、文化、生活的产物。如同四代同堂的大家庭，处理协调彼此的关系具有一定的复杂性。

在对一些城市商业金融区的整体设计中，通常每一个地块的建筑外环境需随着不同的项目由业主自主实施，对于形成一个完整的外部环境的控制就比较困难，况且其中的一些基地尚未开发，另一些又由于业主的变更而需要对外环境作重大改变，所有这一切都使得最终形成的建筑外环境有不确定性。

建筑外环境形成的长期性、复杂性和不确定性带来的课题只有一个，就是如何合理地规划、控制、实施，使坏境中的每一个要素都能既尊重前者，又为后来者提供良好的发展空间，共同形成和谐的整体环境的问题。这个问题需要环境的创造者与使用者共同做出回答。

二、功能特征

建筑外环境作为人的一个基本的生存空间，具有不可替代的功能。

首先，它是一个过渡空间，联系着每一个独立的建筑物，人们必须经常往来于种不同性质的室内环境之间，而建筑外环境为这种联系提供了必要的物质条件。

其次，建筑外环境还为人们的各种室外活动提供了场所和服务。广场、绿地、庭院、露天场地可供人们进行各类活动，如集会、散步、游戏、静坐、眺望、交谈、野餐等等都可以在室外环境中找到适宜的空间。同一环境不同时段往往可以用于不同的活动。

建筑外环境还是人们呼吸新鲜空气与自然交流的场所。人不能被禁锢在室内，他需要从自然获得供其健康成长的养分，而建筑外环境正是能提供人与自然相接触的重要场所。破坏室外环境或将其过度人工化会损害这个重要功能的实现。

三、性格特征

建筑外环境的性格指的是通过对不同环境要素的布局与安排，使人产生不同的情绪和心理反应，从而加深对环境的理解，产生与环境相适应的行为。

不同的环境需要具备不同的性格，而具备恰当性格的建筑外环境才能使得环境的功能性很好地得以实现。所以环境的性格应具有与其功能相适应的特征。比如，人们在节假日到商业街休闲购物，这里的街道环境就应是活泼、开朗的，使人们在这里可以放松一下因工作而绷紧的神经，获得轻松、愉悦的感受。这时的环境设计可以考虑自由、流畅的布局，强烈、明快的色彩，醒目、夸张的造型，使置身其中的购物者深受感染，而当人们来到一个纪念碑广场，环境就需要让人感受到它的庄严、高大、凝重，为瞻仰活动提供良好的环境氛围。而在建筑外环境的设计中也应始终围绕其性格特征进行设计。

四、文化特征

建筑外环境是一个民族、一个时代的科技与艺术的反映，也是居民的生活方式、意识形态和价值观的真实写照。这种对文化地域性、时代性、综合性的反映是任何其他环境或者个体事物所无法比拟的。这是因为在建筑外环境中包含了更多反映文化的人类印迹，并且每时每刻都在增添新的内容。而其中群体建筑的外环境更是往往成为一个城市、一个地区，甚至一个民族、一个国家文化的象征。上海的外滩、北京的天安门广场、威尼斯的圣马可广场、纽约的曼哈顿都是其中突出的例子。芬兰著名建筑师伊利尔·萨里宁曾说：“让我看看你的城市，我就能说出这个城市居民在文化上追求什么。”可见建筑外环境在表征文化上的作用是多么的巨大。在建筑外环境的设计中，如何反映当地的文化特征，如何为环境增添新的文化内涵，这是严肃的，值得环境创造者认真思考的问题，也是历史赋予当代人的责任。

第三节　室外环境设计的原则

一、整体性原则

室外环境景观设计的整体性原则就是要求从整体上确立景观的主题与特色，这是景观设计的重要前提。缺乏整体性设计的景观，也就将变成毫无意义的零乱堆砌。在景观设计中，重点并非是具体形态的建筑或环境元素，而是一整套设计规则（图5-3-1）。

图5-3-1　西雅图煤气厂公园

其中包含对空间和景观元素的控制要素以及设计实施方法，提倡公众参与，建立一套可以不断完善的机制，尤其是重视使用的主体人群的意见。根据景观设计的整体性原则要求，应使景观元素在功能上的不足得到弥补，使历史遗留与新建景观元素生动融合。

二、前瞻性原则

景观设计应有适当的前瞻性，所谓设计的前瞻性，有三个层面的意思：

（1）设计要符合科学技术的不断进步趋势，力求在美学追求、形式表现和景观功能上保持时代特征，保证景观设计在景观未来发展中不会落后（图5-3-2）。

图5-3-2　技术与自然结合的创作

（2）设计要符合自然规律的内在要求，并经得起时间的考验和历史的验证。这就要求景观设计师在设计中，尊重自然、尊重社会、尊重科学，找出它们各自的内在规律，并运用到设计中去。

（3）设计要处理好内部道路与外部路网之间的衔接关系，在设计过程中积极使用太阳能等新技术、新手段，适当推广运用空气动力学原理，贯彻环保、节能、资源综合利用的理念，给后人留有发展空间。

三、生态性原则

回归自然、亲近自然是人的本性，是景观设计发展的基本方向。在景观设计中要充分体现出自然的美，对景观设计地块进行充分论证，在艺术创作的过程中保持地块及周边的植物、文化的原生性，避免过分人工雕琢。这种与生态过程相协调，尽量使其对环境的破坏影响达到最小的景观设计原则即是生态性原则。

生态性原则是一种与自然相作用和相协调的方式。为景观设计师提供了一个统一的重新审视景观设计以及人们的日常生活方式和行为的框架。在这个框架下，景观设计的第一步就要考虑当地的生态环境特点，对原有土地、植被、河流等要素进行保护和利用；第二步就是要进行自然的再创造，即在充分尊重自然生态系统的前提下，发挥主观能动性，合理设计人工景观。在室外景观环境中，每一种景观创造的背后都应与生态原则相吻合，都应体现出形式与内容内在的理性与逻辑性（图5-3-3）。

图5-3-3　六盘水明湖湿地公园

达到景观生态性的效果需要景观设计师关注生物多样性的构成，自然的生态系统是具有很宽泛的包容性的，它包容了丰富的生物多样性。生物多样性维持了生态系统的健康和高效，因此是生态系统服务功能的基础。通过景观设计来保持与恢复当地生物多样性特征，也是景观设计中生态设计的一个最重要的内容。自然保护区/风景区/城市绿地是世界上生物多样性保护的最后堡垒，在设计过程中，更需要景观设计师理解生态性原则，尊重生态规律，进行生态环境的保护性利用。

四、人文原则

一个好的景观环境设计离不开对所在地区的文化脉络的把握和利用。良好的景观本身又反映了一定的文化背景和审美趋向，离开文化与美学去谈景观，也就降低了景观的品位和格调。优美的景观与浓郁的地域文化、地方美学应有机统一，和谐共生。在人们的生活中，审美是建立在传统的文化体验基础上。体验文化的核心就是“传统”，景观设计的人文特色就是在对传统因素的各种特点进行解析之后上升到又一个新的层次去阐释和建构的人文景观体系。重视景观设计的人文原则，相当于景观设计中的内涵建设正是从精神文化的角度去把握景观的内涵特征。环境景观的人文景观塑造、提纯和演绎了建筑风格、社会风尚、生活方式、文化心理、审美情趣、民俗传统、宗教信仰等要素，再通过具体的方式表达出来，能够给人以直观的精神享受（图5-3-4）。

图5-3-4　岐江公园老机器作为点景

景观环境的文化特征通过空间和空间界面表达，并通过其象征性体现出文化的内涵。保持文化脉络，不能只在浅层的装饰层面上去提取符号，在空间组织、意义和象征的层面上应进行更多的探索。地区景观特色，是当地人文、地理、民俗、民风、民族所特有的，是区别于其他地方环境特色的根本，也是各个民族各具特色的精神所在。对于地方文化、地方精神，我们要保持对原有特色的保护和开发，同时也要对这样的地方精神给予足够的保护，坚持开发和保护并重（图5-3-5）。

图5-3-5　都江堰水文化广场

五、可持续原则

景观设计的可持续原则需要我们善待自然与环境，规范人类资源开发行为，减少对生态环境的破坏和干扰，实现景观资源的可持续利用。

当地的再生资源的规划和合理科学的利用、高效的使用，就是可持续发展的具体表现。例如在四川汶川地震后的重建当中，羌族人民就充分利用了地震产生的石头和石板作为重建房屋地基的材料，大量采用一些被地震破坏的山林中的木材，表现羌族的建筑特色，而且把这样的建筑形式在整个羌族灾区推广使用，也能形成这个地域的建筑风格和特色（图5-3-6）。一方水土养一方人，在整个环境中的资源是有限的，如何循环利用，保持地方资源的持续发展，这是设计师在景观设计中必须要面临和考虑的现实问题。

图5-3-6　汶川羌族建筑景观

当今人类面临的最大挑战是自然资源发展的可持续性，它关系人类文明的延续。可持续发展的核心是资源的可持续利用，而可以利用的土地等自然资源是有限的，并不是取之不尽、用之不竭的。尽管技术进步可以开拓新的资源，但总体上不能改变地球资源的有限性。对于这一点，设计师应该有足够的认识。如果不认识地球资源的有限性，在设计与使用过程中随意浪费、破坏，无节制地耗用，资源枯竭的危机就会发生（图5-3-7）。

图5-3-7　宁海国家登山健身步道保持自然状态的修建

节约景观资源，是要尽量少的利用景观环境资源，力争用更少的资源投入，获得比过去更多的产出。要积极推进节约景观用地的设计方法，提高景观资源的利用率，实现景观资源的综合利用，发展景观循环经济；充分重视运用经济手段来促进节约景观资源的方式。节约景观资源是一项系统工程，需要从设计方法的全新提炼到全社会可持续意识的共同提高，形成景观设计、开发、利用整个过程的可持续发展方案（图5-3-8）。

图5-3-8　自然石板的道路形态

六、以人为本的原则

在景观设计中，要全面地贯彻以人为本的原则，要设计一些适合男女老幼参与的人文景观，以体现关注弱势群体，树立相互关怀的思想。用地以内所有设施必须符合国际通行的无障碍设计标准（图5-3-9），室外避免过多的高差。同时设计中也应从管理者的角度出发，尽量做到为管理者提供便利和帮助。

图5-3-9　公共空间无障碍设计

以人为本的原则在环境景观中是指：景观不是单纯的体现观赏和生态价值，应形成有序的空间层次、多样的交往空间，人与自然的高接触性，处处有“人”的参与，充满活力、生机。人们的活动一般分为个人性活动和社会性活动、必要性活动和自发性活动两类。自发性活动只有在适宜的空间环境中才会发生，而社会性活动则需要有一个相应的人群能够适宜地进行活动的空间环境，室外环境景观设计所期望达到的景观文明目标是能够引导人们的社会性活动和自发性活动。景观设计所塑造的适宜的空间环境，除了形式、比例、尺度等设计因素外，首先要考虑与自发性活动和社会性活动相关的适宜的空间层次的构筑。如在半私密空间中幼儿和儿童游戏活动，邻居间的交往活动；在半公共空间中老年人健身、休闲活动，邻里交往、散步，青少年的体育活动；在公共空间中人们交往、购物、散步、休闲活动等。

以人为本还应考虑外部空间的空气环境、湿热环境、声环境、光环境、水环境等五大环境健康性问题。应通过景观的高低、穿插、围合、引进、剔除，以及生态技术等的运用，尽量消除或减轻五大环境的污染。如对小区汽车噪声和尾气的隔绝，以及避免汽车对小区住户的日常出入产生干扰等，可以通过人车分行，在车行道两旁种植绿化带；也可以将小区汽车直接停放在小区周边或全部使用地下停车，使车辆不进入小区内部，实行小区内部步行化，辅助以自行车交通等措施解决小区内的交通舒适度问题，这些细微关怀，是设计师在景观设计中必须要考虑周到的（图5-3-10）。

设计师追求的是把握景观的正向特征，充分体现东方文化观念中多样性的生态美学原则和多层次的美学表达（图5-3-11）。通常认为，景观的正向特征是：合适的空间尺度，有序而不整齐划一的景观序列，多样性和变化性、清洁性、安全性、生命的活力和土地应用潜力。景观的负向特征是空间尺度的过大或过小、清洁度的丧失、杂乱无章、空间结合不协调、噪声、异味、无应用性等。

图5-3-10　人车分流示意图

图5-3-11　黑龙江·群里雨洪湿地公园景观道路序列

七、美学原则

景观的美学设计与评价源于人类的精神需求，一般而言，人类重要的精神需求包括兴奋、敬畏、歉疚、轻松、自由和美。景观设计师的工作就是设计出能满足人们精神需求的、有吸引力的景观，其景观的性质包括：自然性、稀有性、和谐性、多色彩，空间结构上形成开启与闭合的关系，时间上体现季节与年度的变化。

景观设计的意境追求是设计师设计的目标之一，景观艺术美感是景观的艺术欣赏的根本所在，是意境美的表现。它不仅是人们创造、欣赏、诠释景观艺术的标准，也是景观艺术确立自身独特地位的价值所在。流行的、占主导地位的见解，即认为景观艺术意境就是“情”与“景”的交融，而其现代的和哲学的理论表述方式亦即主观与客观的统一。就意境的创构而言，强调的是景观艺术意境的化实景为虚境，创形象以为象征，使人类最高的心灵具体化。虚实间为景观艺术意境创构之二元，所谓情与景的统一，就是虚与实的统一；意境创构是以虚代实、以实代虚，虚中有实、实中有虚。就此深化下去，虚实的统一，其实也是想象与形象的统一。设计师从景观艺术实践形态方面所看到的景观艺术尽管时时泛流着强烈的道德情绪，但就艺术意境创构的纯粹性而言，则采取虚实相生、二元统一的意境表现方法，通过形散神不散的意象来把握对象的生命本质，是设计师一贯采用的方法。

景观设计美学原则的美感特征，即从直观感性的摹写、活跃生命的传达，到最高灵境的启示。景观艺术意境的美感特征同样有三个高度：情胜、气胜和格胜。情胜是设计师心灵对印象的直接反映，它是景观艺术意境美感特征的第一个高度，是写实。气胜是生气远出的生命，其如浪漫主义之倾向于生命音乐的奔放表现、古典主义之倾向于生命雕像式的清明启示，它是景观艺术意境美感特征的第二个高度。意境美感特征的第三个高度格胜，则映射了人格精神的高尚格调，其表现相当于象征主义、表现主义、后印象主义。很显然，景观艺术意境美感特征的三个高度分别诞生于阔、高、深的每一层次艺术意境结构的表现之中，并与艺术意境之三度层次分别相合。而美感的诞生，则使得景观艺术意境的结构与美感化为一体，彼此有了共通的意义。

第四节　室外环境设计的基本流程

一、项目准备

（一）室外环境分析

任何一个待设计的场地都需要设计者仔细地阅读，不同场地的自然条件和人文条件不同，其景观特征也各异。

1. 自然特征

每一个地方都有独特的岩体水流、植被类型，也有独特的土地利用方式以及文化、风俗、历史等雕刻在土地上的印迹。这些有形的和无形的物质、精神特征被称为室外环境特征。一个地区的室外环境特征越明显、统一、完整、符合客观的审美标准，观察者所获得的愉悦程度就越高。自然景观的美包含许多方面，按自然条件的不同可以分为多种类型，如按地形可分为山脉、溪谷、山丘、平原、山谷，按水的形态可分为海洋、湖泊、沼泽、溪流，按植被分有森林、草地、灌木林，等等。其中森林又可以分为原生林、次生林；也可以根据树种单一和复杂程度分为某某森林和杂树林，如山毛榉林、红树林、白杨林、胡杨林等。

2. 人文特征

场地的人文景观要素主要包括历史、文化，名胜古迹的资料，地域、民俗的资料以及社会经济状况等。文化和地域的特色是室外环境设计的灵魂，对于文化的研究首先需要设计者潜心体验。俗语称“一方水土养一方人”，有一方水土就有扎根于当地土壤的历史文化与传统风俗。由此产生的人文景观可以分为有形的物质人文景观和无形的精神人文景观。同样，又可以把有形的物质人文景观根据特性进行细分，如传统建筑类可以分为古代宫殿、传统民居、宗教建筑等。以传统建筑群形成的城镇或区域人文景观，如山西的平遥古城，几乎完整地保存了城池和城中各种建筑物，使得整个城市成为特殊的人文景观，被联合国教科文组织指定为“世界历史文化遗迹”。

（二）收集资料

1. 现场踏勘与测量

对一名设计师来说，比较实用且行之有效的现场调查方法大体上可以分为两种形式，即询问调查法和观察调查法。

室外环境设计最初的设计活动应是从对整个室外环境的全面认识开始的。在进行某个景观环境的设计时，首先要遵循注重场地的设计理念。尊重现场、因地制宜，充分寻求与现场及周边环境的密切联系，并同时形成整体的设计理念，这已成为现代室外环境设计的基本原则。

设计师的作用并非在于刻意创新，而要更多地去发现，就是要利用专业化的眼光去进行设计师所特有的观察和判断，去认识现场中原有的特性，去发现它积极的方面并加以引导。从现场调查的角度来看，发现问题与认识事物的过程就是设计的过程，现场调查是室外环境设计程序的重要组成部分之一。

在进行室外环境设计的现场调查时，应收集和掌握以下几方面的信息和资料。

（1）本地区的发展过程和本地区的总体规划状况。其中包括相关的历史事件、发展模式和演变过程、总体规划导向、社会及城市的结构、总体规划中对设计地段的要求、规划的实施情况、设计地段的土地使用情况、建筑物的密度、建筑物的高度等。

（2）设计地段以及周围相关环境的具体情况。其中包括自然环境条件、气候条件、地形地貌、设计范围、原有建筑的现状、地段的标高、交通情况、使用者的活动规律等。

（3）本地区的地方风俗习惯和宗教信仰/建筑的风格与特色。其中包括本地的生活习惯、行为规律、建筑的体量与尺度、色彩与材料、空间的构成形式等。

（4）所涉及地段环境中的经济和社会情况，如开发的可能性和开发的潜力、可发展的概率、公众的要求等。

2. 既有资料的收集

设计人员必须进行现场踏勘和场地体验。只有通过实地观察，才能系统地了解和把握场地与周边环境的关系，直观地感受场地的景观特征。分析自然环境和人工环境及其与人类活动之间的关系也是非常必要的，具体包括：基地地理自然条件、区域气候气象条件、基础设施、交通状况、历史演变、文化风俗、周边环境等。

当既有资料不全和现场踏勘不足，特别是有关地形测量的资料不详，无法准确把握地形起伏、坡度、地表物等时，需要制订详细的测量目录，委托专业勘查测量单位进行现状测量，同时注明测量范围、比例尺、参考基造三位量、特殊景观标志物，如古树等。

针对室外环境设计范围和尺度的不同，相应地对所需了解的范围和比例尺要求等也有所不同。具体的所需信息量包括：

基本测量规范：比例尺、指北针、风玫瑰、测量日期、测量精度要求。

基本测量要求：场地边界范围、坐标、高程变化（等高线）、场地面积、交通路径。

自然条件：河流、池沼湿地、盆地、高台、林地轮廓、一定胸径以上的树木位置。

人工条件：街道名称位置、车道、步道、街道中线、边界、高程、排水；建筑物（名称、功能、围墙、范围、层数、高度等）；构筑物（桥梁、码头等）；市政工程设施、管线、给水、排污、电力高压线位置和走向等。

（三）场地分析

1. 主要和次要景观特征

通过对场地自然条件和人文条件进行客观、完整的分析，可以发现并找出该场地的主要景观特征和次要景观特征，再用剔除、改变、加强等手段，突出景观重点。

主要景观特征是指自然和人文景观的格局和特征，不以人的意志为转移，是人类力量难以改变的事实，或者说改变就会失去当地景观特征。例如，自然的山脉、山谷、风、雨、雪、雾、潮汐、气温、辐射等气候条件，都是无法通过人力来改变的景观特征；又如传统民居的建筑形式、装饰工艺、环境色彩趋向以及生活使用方式等，如果被改变了，就会走向雷同，失去地域特色。我们必须评估这些要素的影响，根据限制条件进行可行性设计。任何成功的景观设计项目，都是建筑物或活动场地和自然要素之间相互补充、相互适应的产物。

次要景观特征是指那些相对次要的自然与人文景观特征。改变他们虽然会造成某些景观特征的消亡，但是不会改变其根本的景观特征。某些次要景观特征在变化中可能会得到更好的保护，如树木植被。

2. 景观特征的保护、改变和强调

人类的生存活动必然会涉及自然生态环境。我们应深刻认识、理解和分析自然环境景观特征的基础上，对其采取保护、改变或是强调，同时判断使用方式与景观特征之间的关联性。分析和判断具体可从以下几方面入手：

第一，判断开发或使用的合理性，使用对于景观特征相符合的正确使用方式，实现土地综合的潜在价值，充分发挥土地功能。

第二，通过分析，剔除场地不协调的景观元素，去除或改变次要的景观元素或特征，维护和加强场地的主要景观特征。

第三，确保土地利用方式能产生一个高效、视觉上有魅力的景观格局。

第四，运用协调和对比的方法，构筑与自然和谐的美好环境。例如，森林中的小体量木屋，无论是材料还是色彩均与环境取得了协调，符合自然景观的特征；横跨山谷的混凝土桥梁，白色的梁架、轻盈的桥拱是和山谷自然条件相对立的，但是并不妨碍整体景观格局。同样，湖边的码头、栈桥伸入水中，虽然人工的痕迹与自然环境有所冲突，但是轻盈优美的线条无疑成为湖边一道人工与自然结合的风景线。

二、项目策划

（一）基本理念

1. 古典室外环境设计思想的融合

现代室外环境设计项目的设计理念继承了中西方古典艺术的优秀成分，并将之融合在一起。同一个室外环境空间内，往往可以同时看到两种设计思想的痕迹。

西方的设计思想目前在城市绿化建设中应用非常广泛，到处都是平整的草地，而不考虑天人的和谐。在景区项目策划中要警惕这种倾向，特别对于以自然山水为主的景区，不宜采取规整的设计方式，室外环境空间过于规整，则和自然山水不易协调。规整的室外环境空间设计可以用在局部，如管理服务区等，也可以用于以建筑、游乐场所为主题的区域当中。要注重从中国传统艺术中汲取养分，这是中国室外环境设计项目策划者应该走的道路。

2. 现代室外环境项目策划理念的发展

（1）人本化。和古代室外环境空间往往为少数人服务不同，现代景区是面向全体公众开放的。与古代相比，现代室外环境设计项目策划更应强调以人为本，体现出对社会所有人群的尊重和对生命的关怀，处处充满人性化设计。

（2）原生性。在可持续发展思想的影响下，现代室外环境设计项目策划强调原生风貌的体现，因此将对原生景观的保护放在第一位。不管是自然景观，还是历史建筑物，或是民俗风情，都是在漫长的历史过程中逐渐形成的，一旦毁坏将不可恢复。而保存完好的原生景观是人类的宝贵财室，对与体现景观多样化，丰富人们的旅游体验，具有特别的重要性。

现代室外环境设计项目策划将保护原生风貌作为重要前提，但问题是很多景区的原生风貌已经被破坏了，因此进行景观的修复和弥补是重要的；对于自然山水景观的修复主要是绿化和美化，通过植被培育可以恢复自然景观。要注意所选植物的种类，一般以本地植物为主，但是不妨考虑引种外地但是能够适应本土环境的品种，以丰富和美化室外环境空间。有时适当修建建筑物也可以起到和自然山水相得益彰的效果。但要注意建筑物和自然景观的协调。对于人文景观的修复应遵循“修旧如旧”的原则，但是过于强调用原来的原材料是不现实的，可以适当采用现代技术仿制的材料。

（3）高科技手段。现代科学技术的迅猛发展，产生了许多让人难以想象的发明，这些科技成果也被运用在现代室外环境设计项目策划中，对丰富景观效果起到了很好的作用。如现代建筑物可以达到的高度、体量、形状等，都突破了古人的范围。灯光、音响、色彩等各方面的设计也完全可以达到以假乱真，甚至比真实世界更为精彩的效果。利用计算机和激光技术进行场景模拟已经成为很多景区景观设计的重要手段。动物的饲养、植物的栽培也突破以往的范围。正因为现代社会所能调动的财力、物力远非昔日所能比，加上现代科学技术的支撑，现代室外环境设计项目所运用的材料范围比古代要广泛得多。

（二）常用手法

现代室外环境设计项目策划常用的手法主要有三种：情景模拟、文化展示、景观重构。

1. 情景模拟

情景模拟是指将童话、传说故事（包括文学著作）、科幻、影视、动漫等想象中的世界通过具体的场景展示出来，使之形象化或者可以进行触摸和感知，以获得更加真实和深刻的体验。

（1）童话世界。童话是一个非常取巧的题材，以场景展示国内外优秀的童话故事情节，是很多景区的景观设计手法。如拔萝卜、小白兔采蘑菇、白雪公主、灰姑娘、美人鱼等经典童话场景经常出现在现代旅游景区当中。

卡通化是从童话世界情景模拟发展而来的方法，卡通化不拘泥于模仿具体的情景，而是通过全方位的卡通设计营造一种童话般的效果。卡通是现代人生活的重要内容。卡通形象不仅为小孩所喜爱，也为年轻人，甚至中老年人所喜爱，因此卡通化是重要的现代室外环境设计手法。

（2）传说故事。运用形象思维方法，将传说故事通过具体的室外环境设计项目表现出来。

（3）科幻世界。人们充满对未知世界的向往和想象，这就是科幻产生的根源。通过室外环境设计模拟科幻著作中的场景，则给人更直接的体验。正如从童话世界模拟中可以发展出卡通化的设计手法，从科幻世界模拟中也可以发展出太空化、机械化等设计手法。

（4）影视。影视基地是为拍摄电影、电视作品而建设的，实质上也就是对剧本情景的模拟。由于影视基地是电影场景拍摄地，有许多场景已经在电视电影中出现，因此一般旅游者更为感兴趣。

（5）仿古景观。利用旅游者的怀旧心理，通过对古代景观的仿造进行室外环境设计。包括对单体建筑物的仿造，也包括对建筑群、城镇的整体仿造。

（6）动漫。动漫是一种新型的文化方式，将动漫中的情景运用到室外环境设计当中来，是新兴的设计手法。

2. 文化展示

文化展示指以特定的文化内涵为线索，以特定的场所为载体，主题超过具体的形态展示出来的一种室外环境设计方法。

（1）博物馆。以实物方式提供知识展示的场所，是现代生活中文化休闲的重要方式，同时也是现代室外环境设计中的常用手法。

（2）广场。广场存在的初衷是用于开展活动，但是现代广场设计越来越强调文化和主题，从而使得广场成为重要的文化展示场所。现代广场通常运用喷泉、雕塑、舞台等手段构建主题室外景观。

（3）动植物园。人类对动植物的喜爱很大程度上是从对大自然的爱好中延伸而来的。这里所说的动植物园也包括以海洋动物为主题的海洋世界、水族馆等。

（4）综合性展示基地。利用多种场所进行综合性的文化展示，称为综合性展示基地。由于采用的展示手段比较丰富，能够给旅游者丰富的感知。

3. 景观重构

景观重构是指利用移植、模仿、组合、分解、夸张、变形等手段，对现实室外环境进行重构，以达到室外环境设计的目的。

（1）模仿。在不能移植的情况下，通过模仿也可以达到在此地了解异地景观的目的。被模仿的室外环境空间多是非常著名的景观，以民族风情、异域风情等最为常见。这一手法在我国近代室外环境空间设计中已经采用过，如颐和园的苏州街、圆明园的西洋建筑等。模仿和移植之间有时难以区分，比如说昆明的民族园，很难说它是景观的移植还是模仿。

（2）移植。指将甲地区的景观迁移到乙地区来。移植手段由于受技术、情感、法律、利益等方面的制约，一般很少大规模地使用。但是单体景观的移植还是经常使用的，如将农村用的水车、锄头等移植到城市的环境中来。

（3）组合。指将多种室外景观集中到同一地域，当然集中手段往往是通过模仿。如深圳的世界之窗、锦绣中华等，将世界上和全国最著名的景观集中在一起，构成独特的组合景观，旅游者在此可达到一日游全国甚至世界的目的。

（4）夸张和变形。将现实生活场景以夸张和变形的方式展示出来，也可能产生很好的景观效果。

（5）微缩。在组合景观中，由于受地域空间以及人力、财力、物力的限制，通常还采用微缩手段，如世界之窗和锦绣中华。

（6）文化包装。主题公园就是对传统游乐园进行文化包装的结果，现代室外环境设计中的文化包装，不仅仅运用于主题公园，也运用于自然风景资源、酒店、度假区等。

（三）引景空间和景观廊道的策划

1. 引景空间的策划

引景空间的作用是可以营造环境氛围，使游人收回思绪，消除杂念，培养感情，渐入佳境，思想感情乃至身心与室外环境内涵逐步接轨，从而融合到主景区的氛围之中，“水到渠成”地去游览主景区，增加游人的审美感受。

遗憾的是，我国绝大多数风景区或景区的引景空间（如天安—午门、少林寺前的东西向山路）变成了商业街区和停车场，甚至汽车可以深入风景区或到达山腰、山顶等，严重破坏了游人的审美情趣，因此在室外环境空间建设种，要特别注意对引景空间的保留和净化。

2. 景观廊道的策划

景观廊道理论其实和传统室外环境空间中的游线理论一脉相承。景观廊道理论认为，旅游者在旅游景区的游览往往是按照一定的线路进行的，因此提出根据旅游者的游览线路进行室外环境空间设计，保持廊道景观内在的一致性，使旅游者在整个旅游线路的游览中都能够感受同样的氛围，从而加深旅游者对景观的体验。

三、项目设计

（一）总体方案设计

当基地规模较大及所安排的内容较多时，就应该在方案设计之前先作出整个室外环境的用地规划或布置，保证功能合理，尽量利用基地条件，使该项内容备得其所，然后再分区分块进行各局部景区或景点的方案设计。若范围较小，功能不复杂，则可以直接进行方案设计。方案设计阶段本身又根据方案发展的情况分为方案的构思、方案的选择与确定以及方案的完成三部分。综合考虑任务书所要求的内容和基地及环境条件，提出一些方案构思和设想，权衡利弊确定一个较好的方案或几个方案构思所拼合成的综合方案，最后加以完善完成初步设计。该阶段的工作主要包括进行功能分区，结合基地条件、空间及视觉构图确定各种使用区的平面位置（包括交通的布置和分级、广场和停车场地的安排、建筑及入口的确定等内容）。常用的图面有功能关系图、功能分析图、方案构思图和各类规划及总平面图（图5-4-1）。

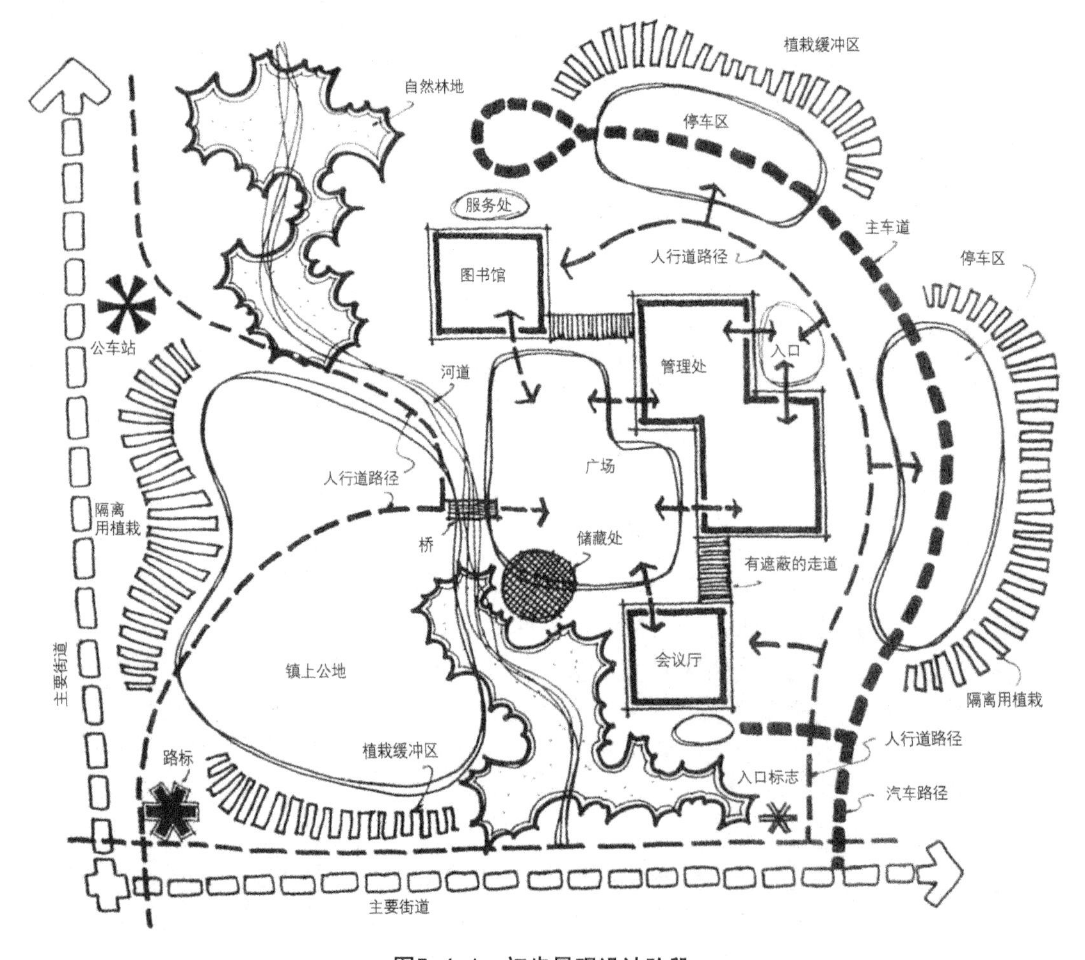

图5-4-1　初步景观设计阶段

1. 功能分区图

功能分区图是设计阶段的第一步骤。在此阶段，设计师在图纸上以“理想的图示”的形式，来进行设计的可行性研究，并将先前的几个步骤，包括基地调查、分析及设计大纲等研究得到的结论和意见放进设计中。这个阶段的设计研究是较松散的、较粗放的设计。功能分区图的目的，是确定设计的主要功能与使用空间是否有最佳的利用率和最理想的联系。此时的目的是协助设计的产生，并检查在各种不同功能的空间中可能产生的困难及与各设计因素间的关系。

功能分析图我们一般用圆圈或抽象的图形表示，在初步设计阶段，并非设计的正式图（图5-4-2和图5-4-3）。这些圆圈和抽象符号的安排，是建立功能与空间理想关系的手段。在制作理想的功能分区图时，设计者必须考虑下列问题：

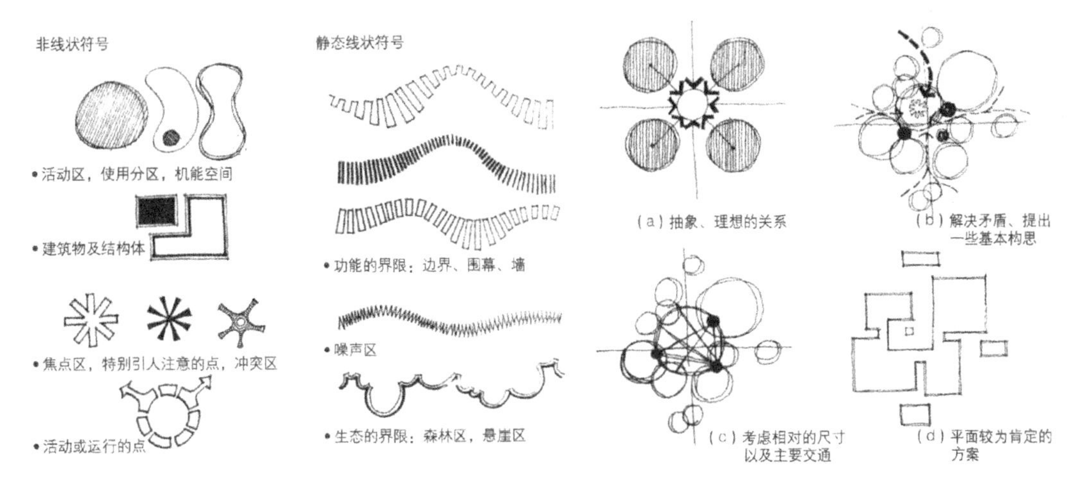

图5-4-2　用圆圈或抽象的图形建立功能与空间的理想关系

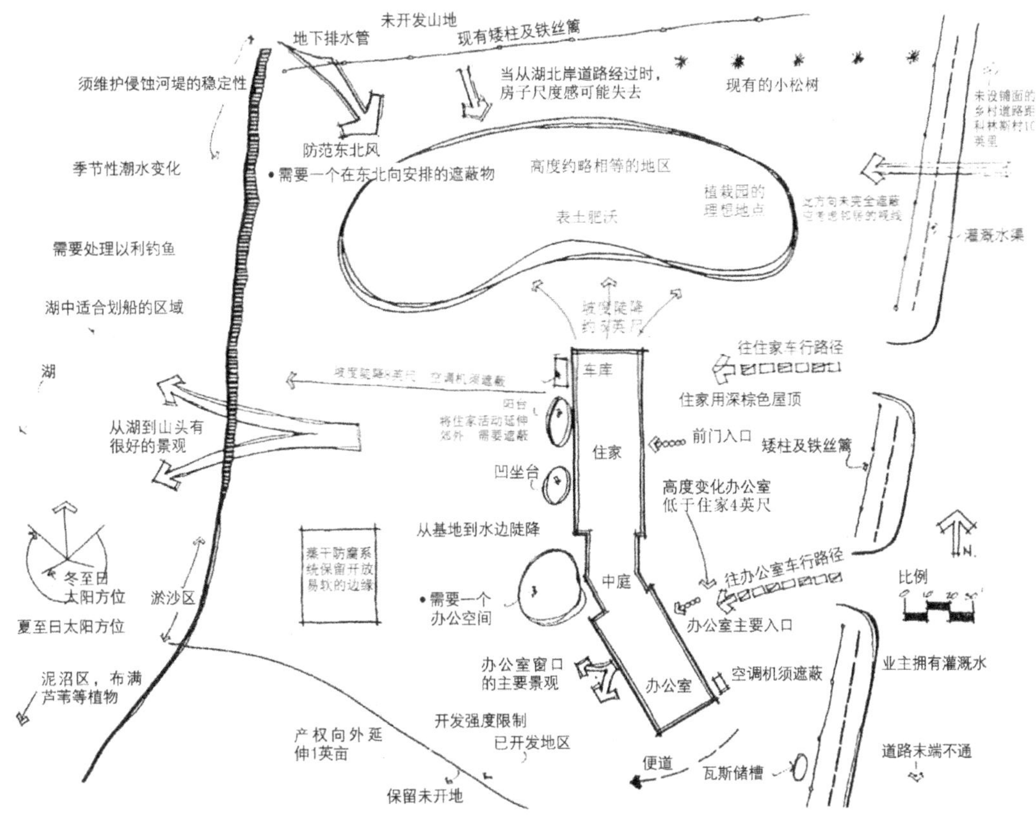

图5-4-3　功能分析图

（1）什么样的功能空间必须彼此分开，要离多远；在不调和的功能空间之间，是否要阻隔或遮挡。

（2）什么样的功能产生什么样的空间，同时与其他空间有何衔接。

（3）如果将一空间穿越另一空间，是从中间还是从边缘通过，是直接还是间接通过。

（4）是否每个人都有进入这种功能空间的一种或多种方法。

（5）功能空间是开敞，还是封闭，是否是由里向外看的空间。

理想的功能分区图必须表达以下内容：

（1）一个简单的圆圈表示一个主要的功能空间。

（2）每个功能空间的封闭状况（开放或封闭）。

（3）功能空间彼此间的距离关系或内在联系。

（4）功能空间的进出口。

（5）室内的功能空间与预想的室外空间。

（6）屏障或遮蔽。

（7）从不同的功能空间看到的特殊景观。

（8）注解。

2. 方案构思

构思是室外环境设计前的准备工作，是不可缺少的一个环节。构思首先考虑的是满足其使用功能，充分为地块的使用者创造、安排出满意的空间场所，其次要考虑不破坏当地的生态环境，尽量减少项目对周围生态环境的干扰。

设计构思图是由功能关系直接演变而成的。两者不同之处是，设计构思图精确地表现基地条件，依据比例、尺度来绘制，图面表现和内容都较详细。

3. 方案选择与确定

综合考虑任务书所要求的内容和基地及环境条件，提出一些方案构思和设想后，权衡利弊确定一个较好的方案或几个方案的优点集中到一个方案中，形成一个综合方案，最后加以完善充实成初步设计。

4. 方案完成

总体方案的完成由说明书和总体设计图纸两部分组成。通过功能分区，结合基地条件、空间及视觉构图，确定各种使用区的平面位置（包括交通的布置和分级、广场和停车场地的安排、建筑及入口的确定等内容）。总体方案设计要完成的图纸主要是部分立面图、功能关系图、功能分析图、方案构思图和各类规则及总平面图。除了图纸外，还要求一份文字说明，全面地介绍设计者的构思、设计要点等内容，具体包括以下几个方面。

（1）位置、现状、面积。

（2）工程性质、设计原则。

（3）功能分区。

（4）设计主要内容（山体地形、空间围合、湖池、堤岛水系网络、出入口、道路系统、建筑布局、种植规划、室外景观小品等）。

（5）管线、电信规划说明。

（6）管理机构。

（7）工程总匡算，在方案阶段，可按面积（km^2、m^2）、设计内容、工程复杂程度，结合常规经验匡算；或按工程项目、工程量，分项估算再汇总。

总体方案设计阶段的前期是草图设计。设计师根据现有的信息，用拷贝纸把地形图拷贝下来，在拷贝纸上不断推敲、调整，直到把初步方案定下来，并且同业主达成一致。草图设计的过程就是设计师把理性分析和感性的审美意识转化为具体的设计内容，把个人对设计的理解用图纸的方式表现出来，使委托方之间能够产生共识。如果业主特别要求，还可能需要提供电脑效果图或手绘的速写表现图等。

（二）总平面图设计阶段

1. 总平面图需要考虑的问题

总体设计方案的完成必须以总平面图设计完成为标志，总平面图是将所有的设计素材，以正式的、半正式的制图方式，将其正确地布置在图纸上。全部的设计素材一次或多次地被作为整个环境的有机组成部分考虑研究过。根据先前构思图所建立的间架，再用总平面图进行综合平衡和研究。总平面图要考虑的问题如下。

（1）画在图上的树形，应近似成年后的尺寸。尺寸、形态、色彩和质地，都得经过推敲和研究。在这一步，画出植物的具体表现符号，如观赏树、低矮常绿灌木、高落叶灌木等，都应确定下来。

（2）全部设计素材所使用的材料（木材、砖、石材等）、造型。

（3）设计的三维空间的质量和效果，包括每种元素的位置和高度，如树冠、绿廊、绿篱、墙及土山（图5-4-4）。

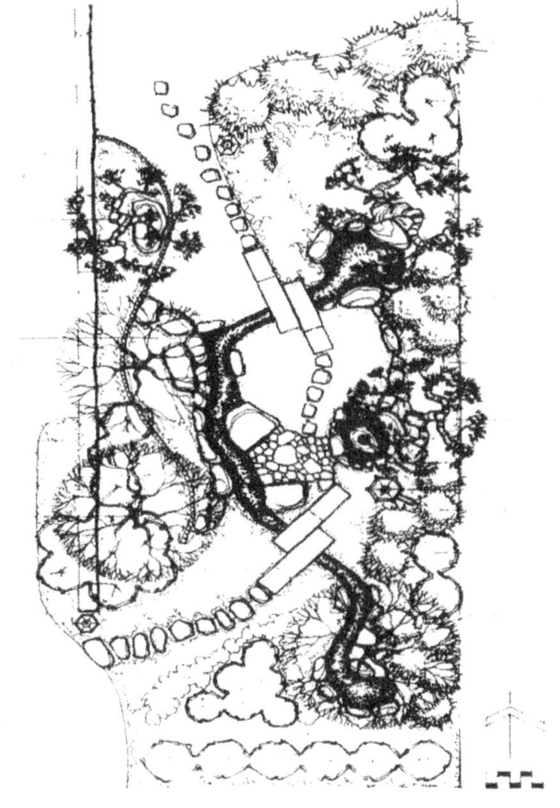

图5-4-4　某日式庭院总平面图

2. 总平面图的设计内容

设计总平面图的内容主要有：表现设计项目区的总体布局；用地范围、各建筑物以及景观设施与景观建筑位置、道路、交通灯相互协调的总体布局。

（1）交通分析图。首先，在图上确定室外环境场地的主要出入口、次要出入口与专用出入口，还有主要广场的位置及主要环路的位置，以及作为消防的通道。

同时确定主干道、次干道等的位置以及各种路面的宽度、排水纵坡，并初步确定主要道路的路面材料、铺装形式等。图纸上用虚线画出等高线，再用不同的粗线、细线表示不同级别的道路及广场，并注明主要道路的控制标高。

交通分析图就是表示项目区域的交通道路分布状况是否达到人车合理分流的目的。交通道路分布主要是根据项目的规模、位置以及人、车的日常行为规范等来确定。一般来说，室外环境设计中的交通道路有车行道以及休闲漫步的步行道，还有大型车辆专用的主干道。

（2）功能分区图。根据总体设计的原则、现状图分析，根据不同年龄阶段游人活动规律，不同兴趣爱好游人的需要，确定不同的分区，划分不同的空间，使不同空间和区域满足不同的功能要求，并使功能与形式尽可能统一。另外，分区图可以反映不同空间、分区之间的关系。该图是说明性质，可以用抽象图形式或圆圈等图案予以表示。

（3）绿化种植设计意向图。根据总体设计图的布局、设计的原则以及苗木的情况确定整个项目的总构思。种植总体设计内容主要包括不同种植类型的安排，如密林/草坪/疏林、树群、树丛、孤立树、花坛、花境、路边树、水岸树、种植小品等内容，确定项目的基调树种、骨干造景树种，包括常绿树、落叶的乔木、灌木、花草等。

（4）室外环境设施设计意向图。室外环境设施意向图对设计项目区域的公共设施，如垃圾箱、座椅、健身器材、公用电话、指示牌、路标等设计预期所达到的效果基本图样。

（5）地面铺装设计意向图。地面铺装意向图是为了表达设计项目区域地面适应高频率的使用，避免雨天泥泞难走，给使用者提供适当范围的坚固的活动空间，通过布局和图案引导人行流线的基本图样。

（6）照明设计意向图。灯光照明并不一定以多为好，以强取胜，关键是科学、合理、安全，灯光照明设计是为了满足人们视觉生理和审美心理的需要，使室外环境空间最大限度地体现实用价值和欣赏价值，并达到实用功能和审美功能的统一。所以照明设计意向图就是体现设计项目中照明设计所要达到使用功能和审美功能的统一预期效果的基本图样。

（三）详细设计阶段

1. 方案扩初

方案设计完成后应协同委托方共同商议，然后根据商讨结果对方案进行修改和调整。一旦初步方案定下来，就要对整个方案扩初（即扩大初步设计），进行各方面详细的设计，利用造型、空间、色彩以及材料表现等手段，形成较为具体的内容。

详细设计阶段除了平面的深化和细化之外，还需要设计出大部分立面和剖面图。主要是表现垂直方向的空间变化，尤其是坡地，立面和剖面的设计就显得尤为重要。同时，详细设计阶段除了上述造型、空间、色彩以及材料等内容外，还包括水、电、结构等内容。在这个阶段设计师要与各工程师进行协商，共同探讨各种手段的协调。在详细设计阶段完成后同样将文件交予业主进行磋商，取得认同后再进入施工图阶段。详细设计要完成的图纸主要是完成各局部详细的平剖面图样图、透视图、表现整体设计的鸟瞰图等。

（1）大样图设计制作。对于重点树群、树丛、林缘、水景、亭、花坛、花卉等，可附大样图。要将群植和丛植的各种树木、水景、亭等位置画准，尽可能注明材料、尺寸等，并做出立面图，以便使用参考。

（2）节点（局部）效果图设计制作。局部效果图图纸就是详细设计的图样，主要针对主要的景观、景点的三维效果图的设计制作，使业主对设计方案的各个景观节点或局部具体直观地了解，充分地说明设计师的创意和设计意图。

（3）设计总说明。说明书的内容是初步设计说明书的进一步深化。说明书应写明设计的依据，设计对象的地理位置及自然条件，项目绿地设计的基本情况，各种项目工程的论证叙述，项目绿地建成后的效果分析等。

2. 项目概算

在施工设计中要编制概算。它是实行工程总承包的依据，是控制造价、签订合同、拨付工程款项/购买材料的依据，同时也是检查工程进度、分析工程成本的依据。概算包括直接费用和间接费用。直接费用包括人工、材料、机械、运输等费用，计算方法与概算相同。间接费用按直接费用的百分比计算，其中包括设计费用和管理费（图5-4-5）。

序号	项目名称	单　位	数　量	综合单元／元	合价／元
	一、商业广场				
1	前商业广场铺装工程	m^2	1 520	90.0	136 800
2	商住楼周围铺装工程	m^2	3 688	75.0	276 600
3	绿化工程	m^2	1 350	85.0	114 750
4	广场中心喷水雕塑	项	1	65 000.0	65 000
5	灯光工程	项	1	148 500.0	148 500
	小计				741 650
	二、住宅小区				
1	主要道路铺装工程（水泥、沥青）	m^2	4 774	55.0	262 570
2	园区道路工程（花砖、石、青石）	m^2	1 890	80.0	151 200
3	绿化工程	m^2	9 168	70.0	641 760
4	水体系统工程（游泳池、中心水景）	项	1	660 000.0	660 000
5	灯光工程	项	1	205 000.0	205 000
6	海马喷水雕塑（含水循环系统）	项	1	76 000.0	76 000
7	风水球雕塑（含水系统）	项	1	165 000.0	165 000
8	遮阳廊架（木、金属、石材结构）	m	30	3 500.0	122 500
9	欧式华亭（金属、石材结构）	项	1	65 600.0	65 600
10	小区设施	项	1	27 000.0	27 000
11	运动设施	项	1	65 000.0	65 000
12	小计				2 489 370
	总计				3 231 020

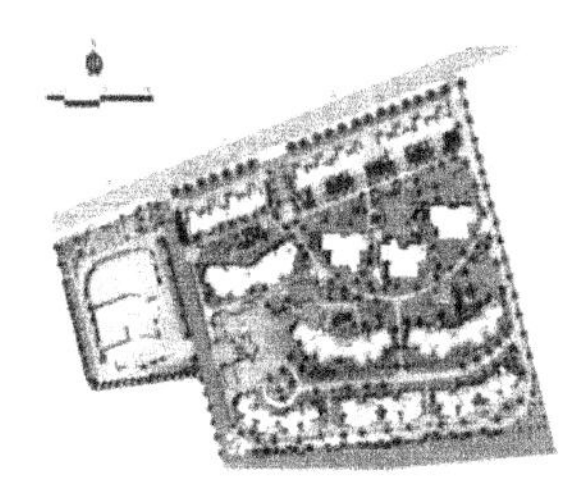

项目名称：小区景观工程
工程面积：2.4万平方米
造　　价：134．5元／平方米
总造价估算：3 231 020元

工程概算

图5-4-5　某小区景观工程工程概算

3. 施工图

施工图主要是将设计中所有部位准确无误地用图纸表达出来，指导施工单位进行施工，图纸不仅要明确各部位的名称、尺寸、材质、色彩，还要给出相应的构造做法，以便施工单位使用。施工图阶段是将设计与施工连接起来的环节。根据所设计的方案，结合各工种的要求分别绘制出能具体、准确地指导施工的各种图面，这些图面应能清楚、准确地表示出各项设计内容的尺寸、位置、形状、材料、种类、数量、色彩以及构造和结构，完成施工平面图、地形设计图、种植平面图、室外景观建筑施工图等。

施工图配合阶段主要有三方面的工作内容。

（1）在向业主提交所有的施工图后，设计师应该向施工单位的施工人员解释所有施工图纸，让施工人员能清晰地理解设计图纸的意图，在施工中能正确施工。

（2）在施工过程中，设计师需要定期去查看施工现场的施工工艺和施工材料的选用，对施工效果进行评价，以便及时发现施工中的不足，给予纠正。同时若现场出现问题，设计师也应该及时给予解决。

（3）在所有施工完成后，设计师须到现场会同质量检验部门和建设单位一起进行竣工验收。

（四）设计评价

设计评价作为最后一个环节，一般容易被忽视，然而，对于一个完整的设计过程来讲必不可少。其主要作用在于按照总体目标制订的方向和原则，对最后的室外环境设计成果进行检验和反馈，以检验总体设计目标和策略的执行程度，从而可以使得最终设计成果与前期分析研究的结果环环相扣、相辅相成。

室外环境设计评价的展开需要建立一套合理的评价体系。对于当代室外环境设计实践，其评价指标体系主要由以下几个方面组成。

1. 美学评价标准

美学评价标准主要关注点在于城市景观的形态特征，诸如比例、尺度、统一、均衡、韵律、色彩、肌理等古典美学原则，以及与之相对应的解构、复杂、模糊、生动、惊异、波普等现代或者后现代美学原则。无论对于室外景观的理解有何种程度不同，对于室外环境形态方面的关注都是不可或缺的。

2. 功能评价标准

功能评价标准在室外环境设计评价中占据着重要的地位，它是衡量设计作品究竟在人们生活中能够发挥多大的作用，为人们所适用的程度和频率究竟有多大的主要指标。

3. 文化评价标准

文化评价标准是用以评价室外环境形态的文化特征和意义，室外环境是有地域性的，好的室外环境设计作品应当能够彰显地方文化特质、增强场所认同感、建立人与环境之间的有机和谐、承担起增进“民族文化认同”的社会责任。

4. 环境评价标准

环境评价标准用以评价室外环境设计对于环境生态的影响程度，是生态设计理念在室外环境设计中的重要体现，主要关注点在于室外环境设计作品可能带来的环境影响，能源的利用方式，对自然地形、气候等风土特征的尊重程度等。

第六章　住宅建筑外环境设计

中国文化源远流长。住宅的建筑环境设计在历史上已被应用在宫廷建筑和居住建筑中，如宫廷御花园的建造、江南私家园林的建造、北方四合院的建造，都在中国历史上留下了许多优秀的环境设计作品，并形成中国传统的环境设计理论。然而，随着时代的变迁，社会的发展，特别是三十多年来东西方文化的交流，现代中国人的心理发生了变化，一种开放的观念和理论促使环境设计的内容和方法开始转变，环境设计中的封闭形态设计方式逐渐演变成了开放的空间设计方式，从单一性的视觉设计演变成了多因素、多层次、全方位的整体环境设计。

现代化的环境设计理论绝不是照搬西方模式，步人后尘，而是立足于我国的物质环境和文化环境，深入细致、全面周到地去思考和处理好建筑外环境设计中各方面的问题，从而满足不同地区、不同层次人们的全方位的物质追求、文化追求和美的追求。可以肯定，“住宅建筑外环境设计”的重大课题无论在理论上还是在实践中将在中国建筑业中迅速地发展起来。

第一节　住宅建筑外环境设计概述

住宅建筑外环境设计是以建筑外部空间为基础，以追求建筑外空间多功能的完美结合，充分满足人们生活、工作中的物质需求和审美需求为目标的设计活动。

建筑外空间设计的深层次概念就是室外环境设计。“环境”在现代建筑学与环境科学概念中用来指称构成人类活动空间范围的所有自然、人工景物的完整系统。即广义的“环境”包含自然环境、物质环境、社会环境、艺术环境与心理环境等。从环境角度研究建筑与人的关系，更强调建筑因素、自然因素、人的因素三者之间的整体效应，是一种系统意识的表现。因此，从完整的意义上讲，建筑外空间设计应称为“室外环境设计”或“环境设计”。

一、住宅建筑外环境设计特征

（一）多元性

住宅环境设计的多元性是指环境设计中将人文、历史、风情、地域、技术等多种元素与景观环境相融合的一种特征：如在一个城市众多的住宅环境中，可以有当地风俗的建筑景观，可以有欧洲风格的建筑景观，也可以有古典风格、现代风格或田园风格的建筑景观，这种丰富的多元形态，包含了更多的内涵和神韵：典雅与古朴、简约与细致、理性与狂放。因此，只有多元性城市住宅环境才能让整个城市的环境更为丰富多彩，才能让居民在住宅的选择上有更大的余地。

（二）人文性

环境设计的人文性特征表现在室外空间的环境应与使用者的文化层次、地区文化的特征相适应，并满足人们物质的、精神的各种需求，只有如此才能形成一个充满文化氛围和人性情趣的环境空间。我国从南到北自然气候迥异，各民族生活方式各具特色，居住环境千差万别，因此，室外空间环境的人文特，正非常明显，它是极其丰富的环境设计资源。

（三）整体性

从设计的行为特征来看，环境设计是一种强调环境整体效果的艺术。在这种设计中，对各种实体要素（包括各种室外建筑构件、景观小品等）的创造是重要的，但不是首要的，因为最重要的是要善于把握对整体的室外环境的创造。室外环境是由各种室外建筑的构件、材料、色彩及周围的绿化、景观小品等各种要素整合构成。一个完整的环境设计，不仅可以充分体现构成环境的各种物质的性能，还可以在这个基础上形成统一而完美的整体效果。没有对整体性效果的控制与把握，再美的形体或形式都只能是一些支离破碎或自相矛盾的局部。

（四）科技性

现代化的高科技技术走入寻常百姓家，将给人们带来一种全新的居住方式。

建筑空间的创造是一门工程技术性的科学。空间组织手段的实现，必须要依赖技术手段，要依靠对于材料、工艺、各种技术的科学运用，才能圆满地实现意图。这里所说的科技性特征，包括结构、材料、工艺、施工、设备、光学、声响、污染等诸方面的因素。

现代社会中，人们的居住要求越来越趋向于高档化、舒适化、快捷化、安全化。因此，在室外环境设计中，增添了很多高科技的含量，如智能化的小区管理系统、电子监控系统、智能化生活服务网络系统、现代化通讯技术等，而层出不穷的新材料使环境设计的内容在不断地充实和更新。

（五）艺术性

艺术性应该是环境设计的主要特征之一。住宅环境设计中的所有内容，都以满足功能为基本要求。这里的“功能”包括“使用功能”和“观赏功能”，二者缺一不可。

建筑空间包含有形空间与无形空间两部分内容。有形空间包含形体、材质、色彩、景观等，它的艺术特征一般表现为建筑环境中的对称与均衡、对比与统一、比例与尺度、节奏与韵律等。而无形空间的艺术特征是指室外空间给人带来的流畅、自然、舒适、协调的感受与各种精神需求的满足。二者的全面体现才是环境设计的完美境界。

二、住宅建筑外环境设计的原则

（一）室外环境设计应以满足使用功能为本

建筑环境设计是一种“以人为本”的设计，因此，首先要考虑满足人在物质层面上对于实用和舒适程度的要求。所有附属于建筑的设施必须具备相应的齐全的使用功能，环境的布局要考虑人的方便与安全，只有这样的设计才是有价值、有实际意义的。

（二）建筑外环境的设计应以建筑为主体

在建筑外环境设计中，所有室外构筑的设计都应围绕主体建筑来考虑。它们的尺度、比例、色彩、质感、形体、风格等都直与主体建筑相协调。只有当两者的物质构成形式与精神构成形式形成有机的统一状态时，住宅的室外环境设计才能达到环境的整体和谐美。

（三）绿化是优化室外空间的重要因素

住宅环境的绿化是指在居住区用地上栽植树木、花草而形成绿地。

1. 居住区绿地的功能

居住区绿地的功能有两种：一种是构建户外生活空间，满足各种休闲环境的需要，包括游戏、散步、锻炼、运动、娱乐、休息等。另一种是创造自然环，利用各种环境设施，如花卉、树木、铺地、草地、景观小品等手段创建优美的室外环境。

2. 居住区绿地的规划原则

（1）居住区绿地的布局应存总平面规划时统一考虑。每一区域都应有恰当的服务半径，并形成点、线、面相结合的绿地系统。

（2）植物是绿地构成的基本要素：植物种植不仅有美化环境的作用，还有围合户外活动场地的作用：植物配植具有环境识别性，可以创造具有不同特色的居住区的景观。

（3）公共绿地应考虑不同年龄居民的各种层次的需要，应有足够的空间安排各种活动场地。

3. 居住区绿地的标准

城市居住区规划设计规范规定了绿地率的要求：新住宅区不低于30%，旧的住宅区不低于25%。

4. 绿化的艺术感染力

植物的色彩和造型是多种多样的，并随季节的变化呈现出不同的形象。植物的自然造型经过人工处理能组成种种优美的图案，高大的乔木、低矮的灌木、鲜艳的花卉、大面积的草坪或单独布置、或结合在一起，灵活地点缀于住宅的周围环境中，创造一种恬静、优雅的视觉氛围。

（四）艺术设计是室外环境设计的重要课题

现代住宅环境设计的目的除了营造一个舒适与方便的居住环境之外，必须在环境中体现美的规律与丰富的文化内涵。景观设计本身就是一门艺术，是一门把握意境创造的艺术。随着社会的进步与人们物质生活水平提高，人们对于环境的审美要求的迫切性与多样性将具备越来越重要的作用与意义。

（五）景观小品是住宅室外环境中不可缺少的点缀

在住宅室外环境中，绝不能忽视景观小品的设置。如雕塑、水景、灯具、桌椅、凳、阶梯扶手、花架等，这些景观小品色彩丰富、形态多姿。它们既给居住生活带来了便利，又给室外空间增添了丰富的情趣。

只有充分考虑到以下诸多因素，才能较完美地设计好环境景观小品。

在室外环境中设置景观小品的目的一是满足生活需要，二是满足审美需要，对一些既具实用功能，又具有观赏功能的小品设施，其尺度、比例既要满足使用中人体功能要求，又要与整体环境协调，其色彩、质感一般都与整体环境形成对比效果。与布置的位置除符合使用的要求外，还直遵循构图的美学法则。

只具视觉功能的景观小品的设计难度是最大的，审美要求是最高的。这些小品通常应布置在空间环境中的人的视觉交汇处或端部，以形成空间环境的趣味中心。这些小品一般都直有创作主题，其主题应与住宅区的景观氛围一致。这些小品的形式有抽象的，也有具体形象的，但无论什么形式的小品，其比例、尺度都要与空间环境相协调（一般不考虑使用上的尺度）。其色彩、质感的设计大多采取了与环境对比的方法，以强调小品在环境中的视觉形象。

（六）利用技术经济分析方法来规划住宅环境设计的合理性

与所有的工程技术设计工作一样，住宅环境设计也应该利用技术经济分析方法，在技术含量高、质量优与价格合理等因素之间找出一个最佳点，只有这样，才能确定一个较为合理与经济的设计方案。

（七）环境设计中应特别注意生态保护工作

生态保护的实施，一方面体现在遏止有毒有害物质的使用，另一方面也体现在保护自然资源的工作中。

环境设计中的一个重要内容是绿化——就是利用绿色植物来美化和调节生态环境。绿色植物本身就是一种自然资源，而住宅周围的绿地种植正是扩展了自然资源的范围。在小区绿化中还应注意尽量保护原有的古珍树木，并尽量选择一些优良的植裁品种。

在材料选择中，“以塑代木”而节约一些天然木竹材和铝材，也是生态保护的一项内容。

（八）利用高科技的先进产品、技术和工艺是室外环境设计的必然趋势

在现代化的室外环境设计中，高科技的含量已越来越高。在现代化住宅中，室外环境应考虑设置以下的新科技产品。

1. 安全监测与报警系统

在一些高档的住宅小区中，设有中心监控审，在住户的室内外都设置了一些监控装置和报警装置。在独院住宅的大门上，一般也装有电子防盗门、防盗锁、监视器、报警器等安全装置。

2. 智能化的管理与生活服务设施

如在室外大门上安装对讲机或电视对话机，给人际交往、访客会友带来极大的方便与安全。为了增加邮件、资料的私密性，电子信箱也是一种很受欢迎的新型设施。电子遥控技术的应用，为人们进出大门带来更多的方便和舒适，诸此等等。

3. 新材料的运用

新型的建材遂步向美观、轻型、防火、保温、耐腐、价格合理、施工性能好等方向发展，如不锈钢材、铝型材、复合材料、合成塑料、耐火材料、高分子保温材料等，目前都已在建筑中大量应用。而在当今“保护环境”的强烈呼声下，“绿色建材”的研制与推广应是当务之急。保护环境、减少污染应该是今后全球化的发展趋势。

4. 现代通风装置

在高挡住宅小区中，常建有地下室或地下车库。因此，在宅旁的空地上会出现通风用的混凝土建筑，这时，往往可用绿植或花坛来加以掩饰和美化。

第二节　住宅建筑外环境中的阳台设计

一、阳台在建筑外环境中的作用

在现代住宅的设计中，阳台已成为环境设计中的一个重要元素。

作为建筑外立面上的重要构件，由于阳台色彩丰富、形态多变，可以在住宅环境中起到丰富立面，并使立面产生节奏和韵律的美感的作用。与建筑立面色彩形成对比的阳台色彩，可以使建筑造型更为生动活泼。点缀于阳台上的盆栽、花卉可使优美的住宅环境更加锦上添花。

所以，在住宅环境中，阳台除了具有使用功能外，还起着一种对环境的装饰作用。

二、阳台的类型与特点

在建筑环境中，主要按阳台的结构形式来分类，可分为以下三种，见图6-2-1。

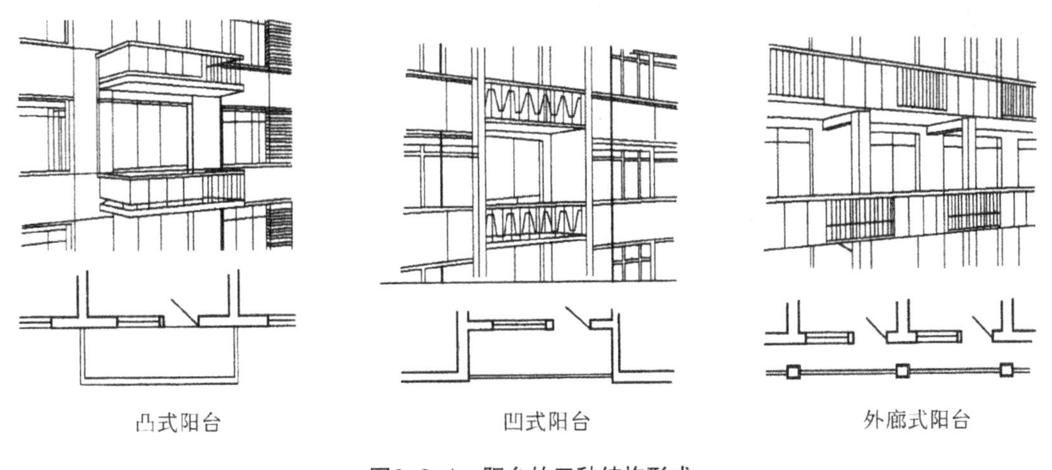

图6-2-1　阳台的三种结构形式

（1）凸式阳。整个阳台凸出于外墙面，这类阳台便于观景，且装饰性极强。

（2）凹式阳台。阳台外立面与外墙面相平，这类阳台主要以栏杆作为主要装饰。

（3）外廊式阳台。建筑外阳台相通，成为走廊形式。

三、阳台的设计原则

阳台是建筑的从属部分，应着重处理好阳台与建筑主体的色彩、造型、质感关系，从而形成完美的建筑构图。

（一）阳台的风格

不同的材料，不同的造型、不同的栏杆（栏板）的图纹样形成了阳台的不同风格。阳台的风格主要为以下三种：

（1）欧式古典风格。这类风格的阳台造型偏于长方形或大弧线形，多为凸出式阳台，栏杆多以铸铁或铸铝制成欧式古典纹样。

（2）中式风格。这类风格的阳台不多见，主要用于中式住宅建筑中，栏杆以木质或仿木质的材质制成中式古典纹样，色彩大多是深红色、深褐色。

（3）现代风格。这类风格的阳台造型简洁、新颖，它以整体造型取得视觉效果。

（二）阳台的造型

阳台的造型设计可多样化，使之与整个建筑主体形成呼应或者是对比关系，达到既和谐而又相映成趣的效果。

（三）阳台的栏杆（栏板）

阳台栏杆（栏板）所用的材料与图案的设计与围栏的设计相似。

与围栏不同的是，为了阳台的安全性，阳台栏杆（栏板）的高度必须在1 050~1 100 mm之间，阳台栏杆间的垂直饰件净距不宜大于110 mm。

（四）阳台上的装饰

在阳台上，还可用绿植、盆花来装饰和点缀，这样可使住宅建筑外立面的色彩更加丰富、更富有装饰性。

（五）阳台的色彩

阳台作为住宅建筑外立面上的重要配色部分，应特别注意与背景部分——外墙面的色彩之间有着相互适应的明度差、彩度差与色相差。

阳台的色彩与建筑墙面的色彩之间可有三种处理方法：相同色、对比色与协调色处理。

（1）相同色处理。阳台的色相与建筑物色相相同，仅利用色彩的明度、阳台的形状和光影效果等反差来突出阳台。这种处理方法可使整个建筑物色调统一，整体感强。

（2）对比色处理。为了强烈突出阳台的效果，通常多采用对比色，使阳台的色彩与墙面的色彩形成强烈的反差与对比，以达到重点强调的目的。使用对比色时，阳台的色彩纯度可适当降低。

（3）协调色处理。阳台的颜色与建筑物颜色为协调色。稍稍形成反差，既突出了阳台，又不失建筑物的协调统一之效果。

四、阳台设计实例图

图6-2-2　凹式设计

图6-2-3　凸式设计

6-2-4　欧式古典风设计

6-2-5　欧式阳台栏杆花纹

第三节　住宅建筑外环境中的大门设计

一、大门在建筑外环境中的作用

住宅建筑一般可分为小区式住宅、独院公寓式住宅和花园别墅式住宅。不论什么样的住宅建筑，其外围大都需要设立围护设施，以形成一个相对独立的居住空间。

作为建筑内外空间的分隔界面，大门赋予人们一种视觉和心理上的转换和引导。作为联系内外空间的枢纽，大门是控制与组织人流、车流进出的要道。在建筑的外部环境中，大门又是一个重要的视觉中心，一个造型优美、风格独特的大门将使住宅室外环境熠熠生辉。

大多数中国人对居住空间独立性和私密性较为重视，同时对住宅的外部形象也尤为讲究。因此，大门作为住宅建筑中内外空间的界面和建筑形象的“脸面”，其地位和作用是不可轻视的。

二、大门的类型与特点

住宅室外的大门有多种分类方法：

按开启方式分，有平开式、移动式、卷帘式、上翻式、折叠式、伸缩式等。

按开启动力分，有手动式、电动式等。

按材料分，有钢铁制、铝合金制、不锈钢制、竹制、木制、复合材料制等。

按形式分，有普通式、拱式、带门柱式、带雨篷式、带边门式等。

按风格分，主要有欧洲古典式、现代式、田园式等。

按使用部位分，有庭园门、车库门、住宅小区大门等。

（一）不同开启方式的大门

（1）移动门。分单扇、双扇和多韵几种，其中以双扇移动门居多，这种门通过门扇的左右滑动进行开闭，它具有少占空间的优点。在住宅的车库中采用较多。

（2）平开门。分单扇、双扇两种。这种门开关自如、构造简单，安装方便，是住宅中最为普及的大门。

（3）伸缩门。这种门采用铝合金或不锈钢制成骨架，利用地轮在滑轨上滑动而开启，外形简洁大方、现代感强、占地面积少，在现代住宅小区中应用越来越广泛。

（4）上翻门。利用门扇两边设置的导轨式平衡装置而向上翻折的门。这种门出入较方便且可充分利用空间，很适用于住宅车库。

上翻门一般由门扇、平衡装置和导向装置三部分组成，平衡装置有重锤平衡和弹簧平衡两种方式。重锤平衡装置加工制作较易，安装调整也方便。弹簧平衡装置用于较小的车库门，对弹簧性能要求较高，见图6-3-1、图6-3-2和图6-3-3。

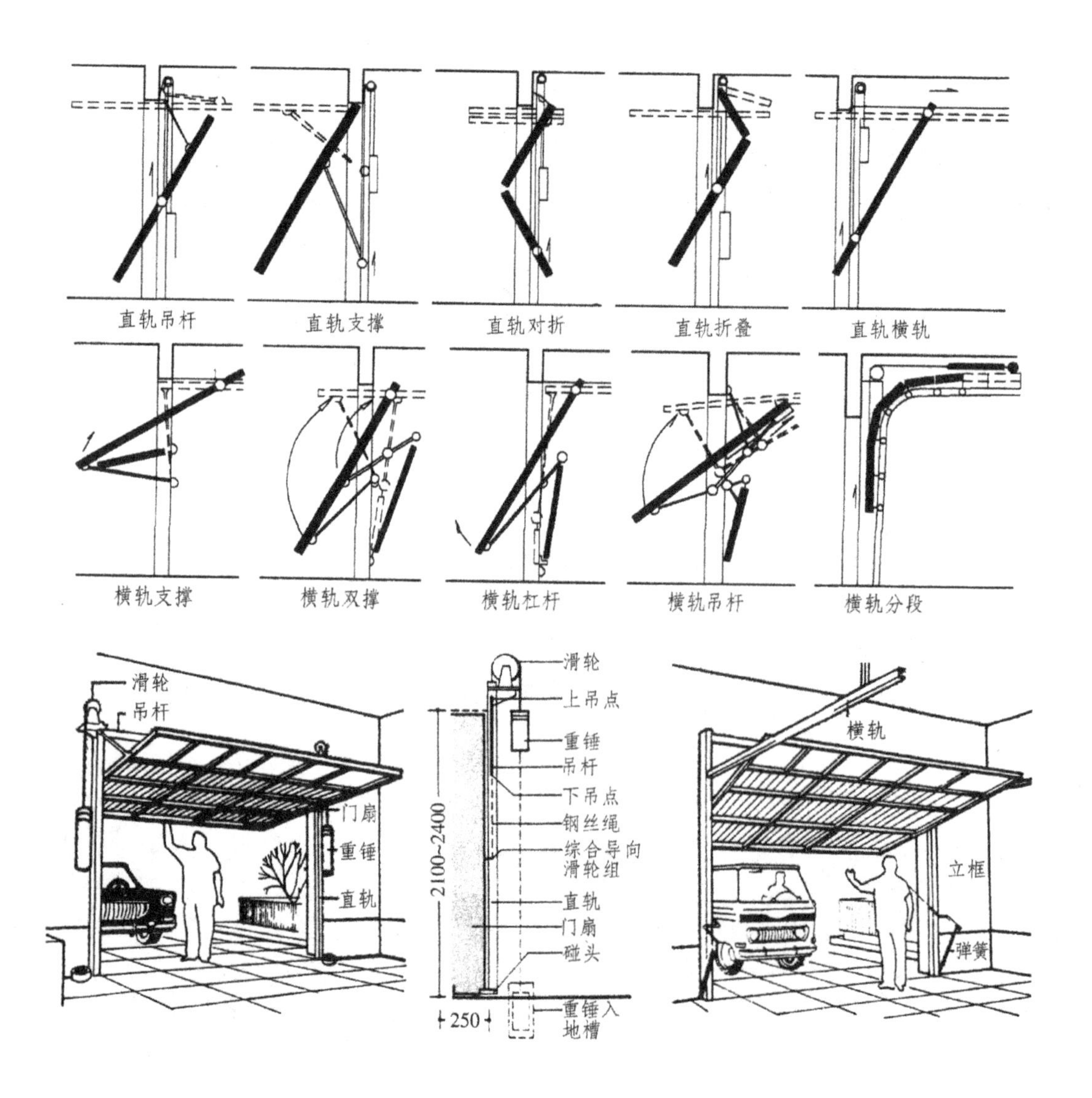
直轨吊杆
直轨支撑
直轨对折
直轨折叠
直轨横轨
横轨支撑
横轨双撑
横轨杠杆
横轨吊杆
横轨分段
滑轮
吊杆
门扇
重锤
直轨
滑轮
上吊点
重锤
吊杆
下吊点
钢丝绳
综合导向
滑轮组
直轨
门扇
碰头
2100~2400
250
重锤入
地槽
横轨
立框
弹簧

图6-3-1　各式上翻门

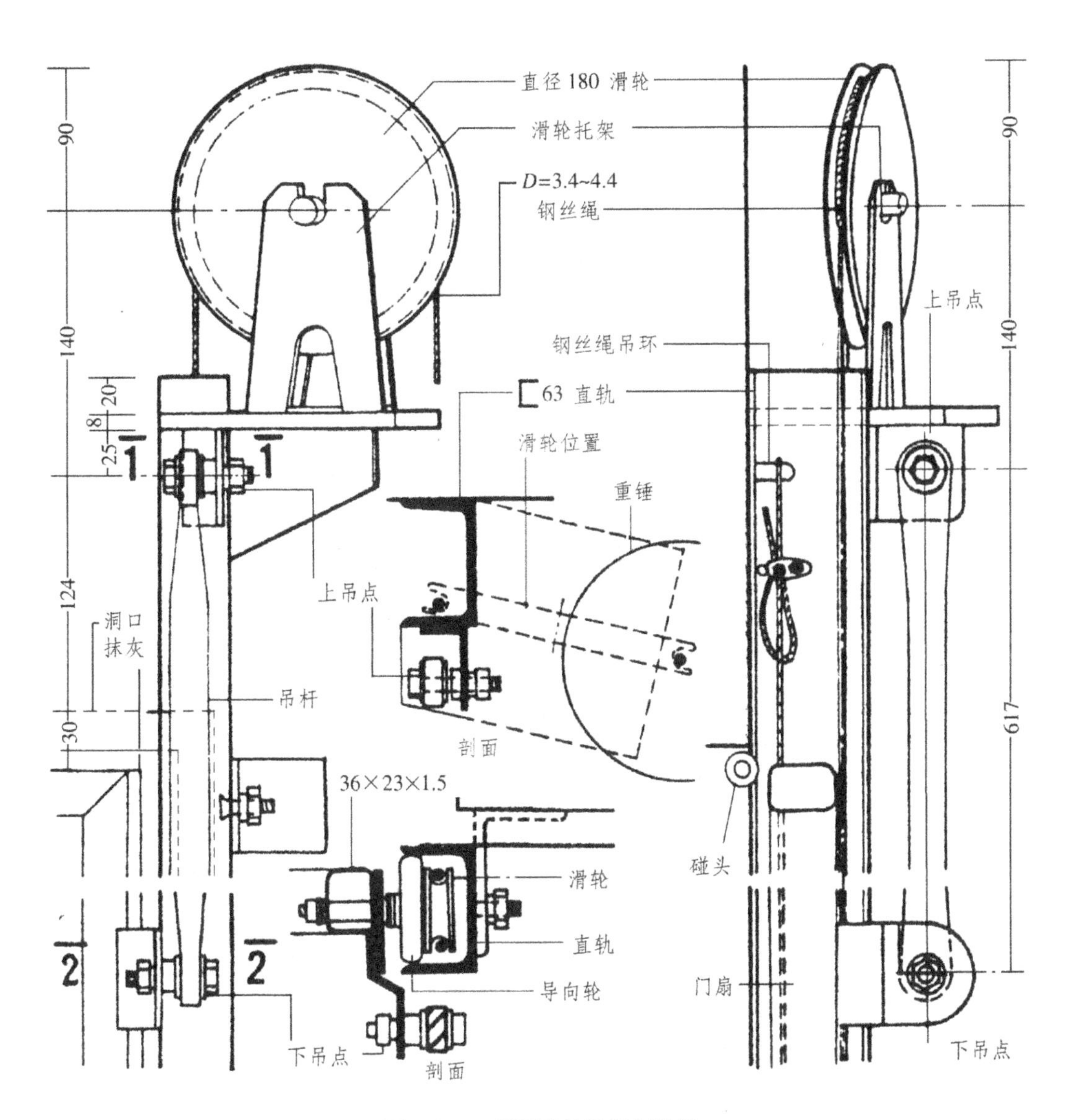

图6-3-2　重锤直轨吊杆上翻门

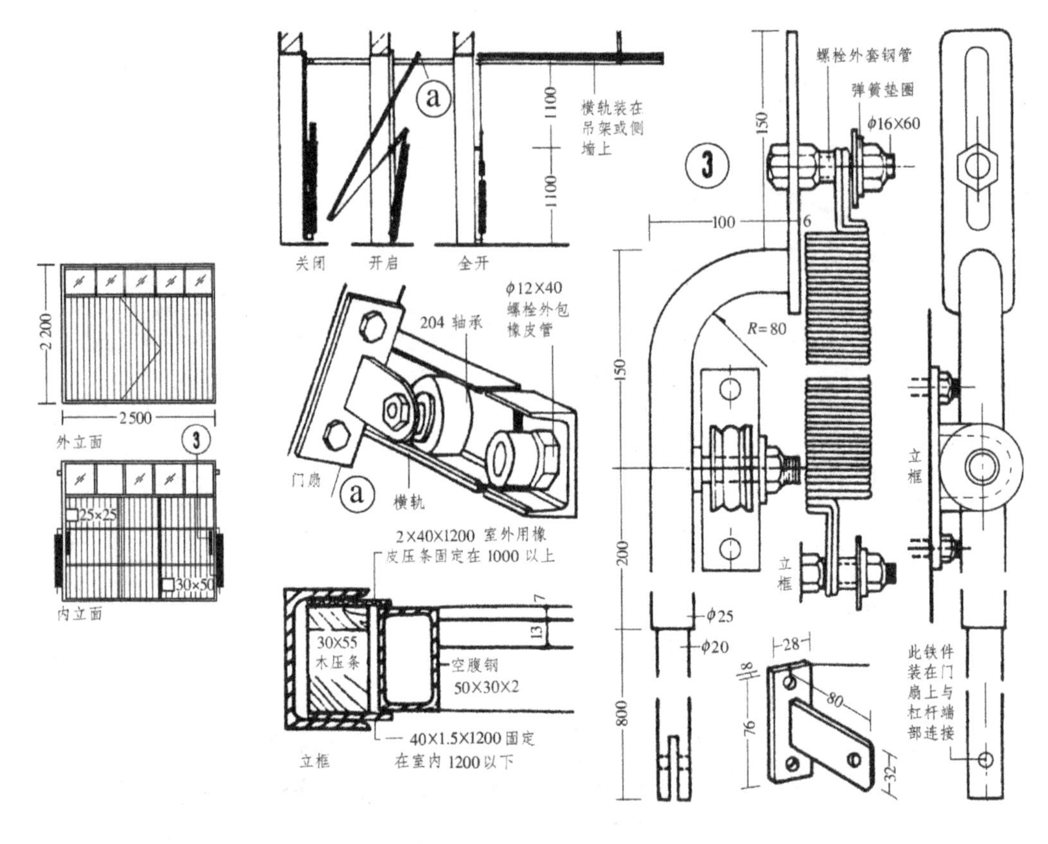

图6-3-3 弹簧横轨杠杆上翻门

（5）折叠门。它是由多个门扇连接而成的门，开启后门扇折叠起来置于一侧或两侧。这种门比较节省空间，但使用不太方便，适用与开启不太频繁的住宅车车门。折叠式门有侧挂式、侧悬式、中悬式三种式样，见图6-3-4。

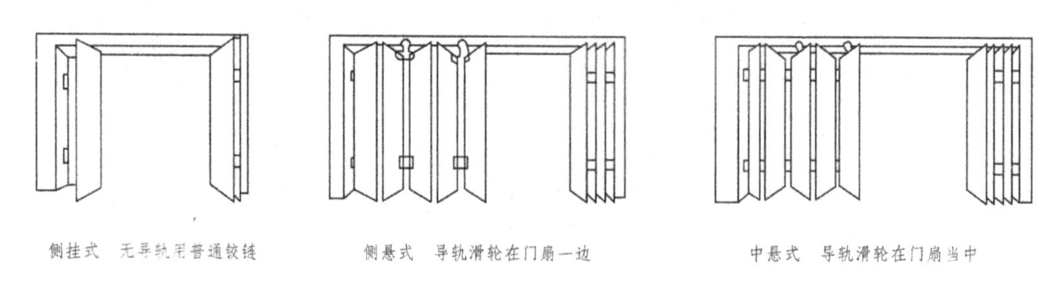

图6-3-4 折叠门的三种式样

（6）卷帘门。它是一种用铝合金或薄钢板或其他材料的页板连接而成的门，开启时页板卷入上部的卷筒内。这种门占地面积极少且密封性好，防盗防火性能强，主要适用于临街的房屋和车库的大门。卷帘门有四种开启方式：手动式、链条式、摇杆式、电动式，目前已多数采用电动式开启，见图6-3-5。

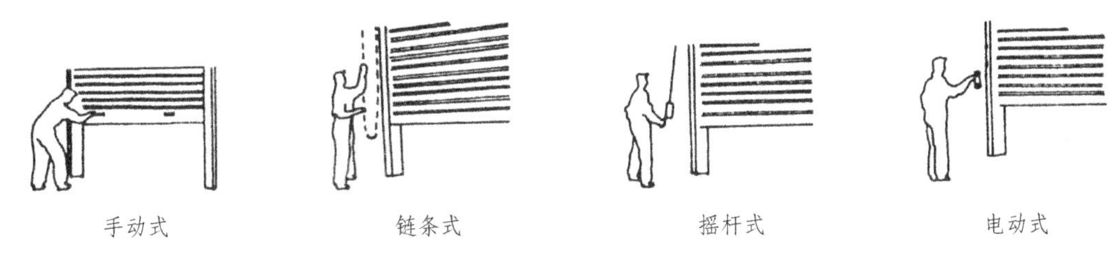

图6-3-5　卷帘门的四种开启方式

（二）不同艺术风格的大门

（1）现代式。现代式大门造型简洁明快、生动活泼。其艺术风格具有现代工业造型的美感，易于与现代人的生活理念和节奏合拍，因而越来越得到人们的青睐。

（2）欧洲古典式。欧洲古典风格有多种流派，应用在大门中的主要有巴洛克式、哥特式、新古典主义式、洛可可式等。其共同之处是变化丰富、造型优美，常给人以典雅庄重、富丽堂皇的感觉。这种住宅大门的应用可谓是长盛不衰。

（3）田园式。现代都市中的田园风光式别墅，成为某些都市居民追随的时尚。而田园式大都由竹、木材料或仿竹木材料制作，其形式富有东方文化的理念和情趣，它可满足某些现代人追求自然、返璞归真的喜好。

（三）不同开启动力的大门

（1）手动式。它是靠人力开启的大门，是大门中最基本的传统类型，目前它仍然是应用最广泛的。

（2）电动式。它是用电力驱动机械装置而开启的门，分为直接式和遥控式两种。直控式是电制开关直接控制的方式，遥控式是通过超声波、红外线、电磁场、光电效应等信号系统进行控制的方式。电动大门应是目前发展的方向。

（四）不同材质的大门

（1）不锈钢制。这种门由不锈钢型材制成，具有光洁度高、耐腐蚀性强的优点。其中一种含铬18%、镍8%的品种比其他品种有更高的耐腐蚀性、可塑性和易焊接等优点，住宅室外大门可采用这种材质的材料制作。

（2）铝合金制。这种门是由铝合金型材或铸铝浇制，具有重量轻、耐腐蚀、加工容易等优点。由于它性能优越，而成为现代大门用才的发展方向。

（3）钢铁制。这种门的传统工艺大多用钢管、型钢焊接，也有根据不同造型浇铸而成。钢铁门强度大、工艺便捷、造价较低，在庭院和住宅小区中应用相当普遍。

（4）竹制、木制。天然竹、木材具有重量轻、易加工的优点，竹、木制大门以其丰富的肌理和朴素的质感，满足人们回归自然的爱好。出于环境保护的需要，有时采用人造竹、木材来代替。另外，为了弥补竹、木材接口强度不足的弱点，往往与铝合金结合使用。

（5）其他材料制。在钢铁材料外涂复塑料而形成的新型建材，可制成卷帘门的页板，它具有轻巧、美观、色彩鲜艳的感觉和耐腐蚀的优点。使用这种材料可节约铝材。

三、大门的设计原则

在住宅大门的设计中，首先要考虑满足其使用功能，其次要考虑大门的风格与建筑环境的风格的统一，另外还必须考虑其色彩、尺度、体量、质感、比例等方面与建筑环境的协调。

（一）大门的选材与构造

组成大门的基本构件是门扇、门轴、拉手等。与大门相连接的构件有门柱、门墙、雨篷等。

（1）门轴。门轴的形式有以下四种，见图6-3-6。

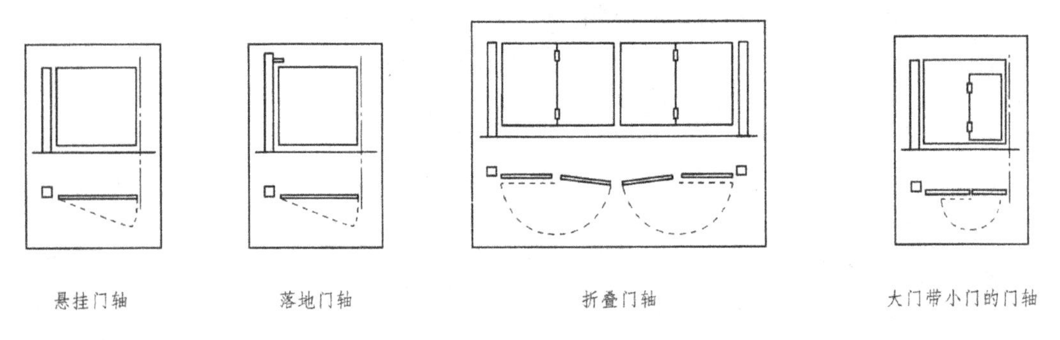

图6-3-6　门轴的四种形式

①悬挂门轴。大门的门轴固定于门柱或墙上。

②落地门轴。大门的下门轴固定于地面上，上下门轴均以门扇边梃作旋转轴。

③折叠门轴。折叠门轴安装于两门扇之间，门轴位置应符合门扇开启方向的要求。

④大门带小门的门轴。小门的门轴固定于大门骨架上。

门轴的形式和尺寸，是根据大门的重量、形式和使用频繁程度等来确定的。

门轴与墙体的连接强度也应考虑，如墙体较薄、强度不够，则要加做门柱来保证门轴的安装强度。

（2）门扇。门扇是大门主要构件，要求有一定的刚度以保证它不变形。为了控制门扇的重量和节约用材，不妨采用门梃、门档、小楞等不同大小的构件组合。这样，既保证了门扇的刚度，又可采用不同形式与图案的门梃、门档、小楞等来演变出各种风格的门扇，达到既美观、又经济实用的效果。

（3）拉手。室外大门的拉手有以下三种形式，见图6-3-7。

①点式。特点是造型简洁、用料少，制造与安装要求牢固，宜用于人流较少的场所。

②横式。构造简单、合理，安装方便，外观大方，是较常见的一种形式。

③直式。可在不同高度范围上下推拉门扇。

选用什么形式的拉手和拉手的尺寸，应根据大门的形式和尺度来确定。

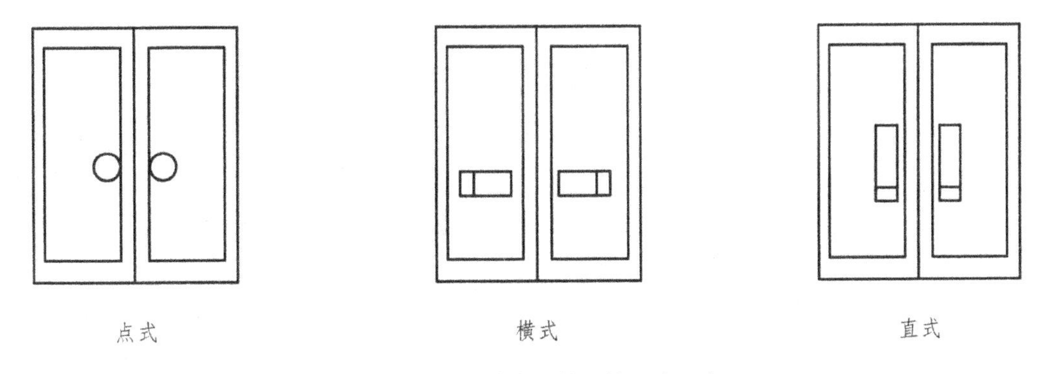

图6-3-7　室外大门拉手的三种形式

（4）雨篷。木质庭园大门为了避免雨淋往往安装雨篷。出于某些主人的喜好，也有在其他大门上安装雨篷的。雨篷的形式一般是双面对称式斜坡顶，也有采用平式顶的。雨篷篷底高度应在2.2 m以上。

（5）门墙。作为与大门连接的门墙，一般用砖、轻质加气混凝土、石块砌筑，其表面可以贴各类面砖、片石以及各类新型饰面材料。门墙的断面尺寸应大于门断面尺寸，其高度一般都略高于门的高度。门墙的色彩明度通常亮于大门的明度，门墙的材质肌理可以表现各种感觉，设计时应精心选择。

同时，大门的构造形式与选材有着密切的关系。如木门的断面尺寸与金属材料构件相比，尺寸必定要加大。木门的门扇的构造纹样的镂空度不能太大，最好采用百页叠档式或格栅式。又由于木材易腐蚀，通常在其表面要作防水与防腐处理，在其上部必须加做雨篷等等。

又如金属型材门，为了节约材料，型材都制成空腹状。空腹钢材和实腹钢材相比，一般可节约材料15%~23%。它具有自重轻、刚度强、减轻工人劳动强度、便于运输等优点，见表6-3-1。

表6-3-1　空腹与实腹平开钢质大门用料比较

钢门类型	洞口尺寸（mm）（宽×高）	钢门总重量（kg）			钢门重量（kg/m^2）			节约钢材（%）
		空腹	实腹	差额	空腹	实腹	差额	
带小门	3 000×3 000	145.30	171.74	26.44	16.41	19.08	2.94	15.4
	3 000×3 600	166.40	215.84	49.44	15.41	19.98	4.57	22.9
不带小门	3 000×3 000	157.36	185.75	28.39	17.48	20.64	3.16	15.3
	3 000×3 600	178.44	229.42	50.98	16.52	21.24	4.72	22.2

压铸制的铁花门扇的纹样设计必须考虑在纵向和横向均设有较粗的支撑档来保证其刚度，然后再在细部作细花纹来显示其装饰效果。

（二）大门尺寸的确定

室外大门尺寸的确定，首先要确定门洞的尺寸。门洞尺寸的确定应该依据下面的三点原则。

（1）门洞尺寸必须满足运输、疏散、人流等使用要求。在住宅建筑中室外大门的门洞尺寸见表6-3-2。

表6-3-2　一般门洞尺寸的最低限度参考数值　（单位：mm）

通行要求	单人	双人	手推车	电瓶车	轿车	轻型卡车
门洞宽	900	1 500	1 800	2 100	2 700	3 000
门洞高	2 100	2 100	2 100	2 400	2 400	2 700

实际设计中的门洞尺寸一般都要适当放宽。

（2）应注意不同开启方式的大门的构造特点，以保证必需的净空尺寸。适合各种开启方式的门洞尺寸见表6-3-3。

表6-3-3　适用各种开启方式的门洞尺寸范围　（单位：mm）

宽 高	<1 000	1 500	1 800	2 100	2 400	3 000	3 300	3 600
2 100	PL	PL	PL	PL				
2 400	PL	PL	PL	PL	PLF			
2 700	PL	PL	PL	PL	PLF	PLDF	PLDFJ	
3 000		PL	PL	PL	PLF	PLDF	PLDFJ	LDFJ

（3）应考虑门的标准化和互换性，同时也可参考制造厂家样本中的有关尺寸来设计。

在满足使用功能的情况下，为了达到在大门的尺度、比例上与住宅建筑相协调，还应该考虑以下几个因素：

（1）要考虑建筑物外部空间的大小。如小区的大门，门前较开阔，大门尺度就要放大，而独院院落的大门门前较窄，因此大门就要低矮些。

（2）要考虑建筑物本身的体量，如高层住宅区的大门，其尺度应相对大一些，低层住宅的大门其尺度就可相对小一些。

（3）除此之外，还要考虑大门本身的构件。如门扇、门柱、门墙等之间的比例关系要协调。而门框与门梃的比例、门梃与门档之间的比例也要互相协调。

只有在充分考虑以上诸因素的基础上来确定大门的尺寸和比例，才能取得大门和建筑物的和谐美。

（三）大门的风格

大门的风格应与建筑物的风格力求一致，以充分体现和谐美。如一栋欧式风格的别墅，就应配上欧式风格的大门。然而，其中的色彩、通透感、图案、绿化与饰品等的设计尚存在很大的个性设计空间。设计师可将以上因素有机地融合一体，再配合住户的情趣，设计出完美的作品来。

（四）大门的色彩与明度

在住宅建筑的色彩设计中，一般以大面积墙面的色彩作为基调色，而大门的色彩应作为强调色来处理。

大门部位的配色应与背景之间有着相互适应的明度差、彩度差和色相差，同时应考虑使用性质与条件的影响。门与墙的配色调和明度见表6-3-4，配色见表6-3-5。

表6-3-4 墙面与门的配色调和明度

墙面	9	8	7	6	5
门	8	7	6	4.5~7.5	4或7

表6-3-5 墙面与门的配色

	暖色系	中性色系	冷色系
外墙	7.5YR~2.5Y 7~9/1~2	5.0GR~2.5G 7~9/1~2	7.5BG~2.5B 7~9/1~2
门	5.0YR~2.5Y 6~8/4~5	7.5GR~5.0G 6~8/2~3	7.5BG~5.0B 6~8/2~3

在实际设计中，作为小面积的配色，大门的色彩应用较为灵活：特别是庭园大门，由于主人个人的喜好和偏爱，色彩的运用是多种多样的。

为了强调木门古朴原始的风格，一般都作清水油漆。铸铁大门的常用色为黑色、铁灰色、烟灰色、烟绿色、青铜色、银灰色、白色、银绿、古董绿等。铝合金型材门常用银灰色、白色、古铜色等。

（五）大门的平面位置

住宅小区的人流、车流较为密集，根据《民用建筑设计通则》中所要求的条例，并结合一般的建筑设计规范，住宅小区的大门的平面位置应符合下列要求。

（1）小区至少有两个不同方向通向城市道路的大门，且至少有一个门直接临接城市道路，该道路要有足够的宽度以保证人员疏散时不影响交通。

（2）大门应避免直对城市主要干道的交叉口，二者间距离自道路红线交点起始不应小于70 m，与非道路交叉口的过街人行道（包括引道、引桥、地铁出入口）最边缘线不应小于5 m。

（3）主大门前应有供人员集散用的空地来作为道路与建筑之间的缓冲地带。如门卫应有控制人流和工作的活动空间，车辆会有停车、缓行与倒车的要求等。其面积和空间尺寸应根据使用性质和人数确定，且不得有任何障碍物影响空间的使用。

（4）大型小区如需设置多个大门，其门的间距不应小于150~200 m。

（5）公园、学校和供儿童及残疾人等使用的建筑其出入口不应小于20 m。

（6）为使行人出行方便，距最近公交站台之间距离不宜大于500 m，但也不应小于10 m。

（7）在平面布置较为对称的小区中，尽量将大门设置在中轴线上，使区域内总体人流、车流、疏散量均衡，见图6-3-8。

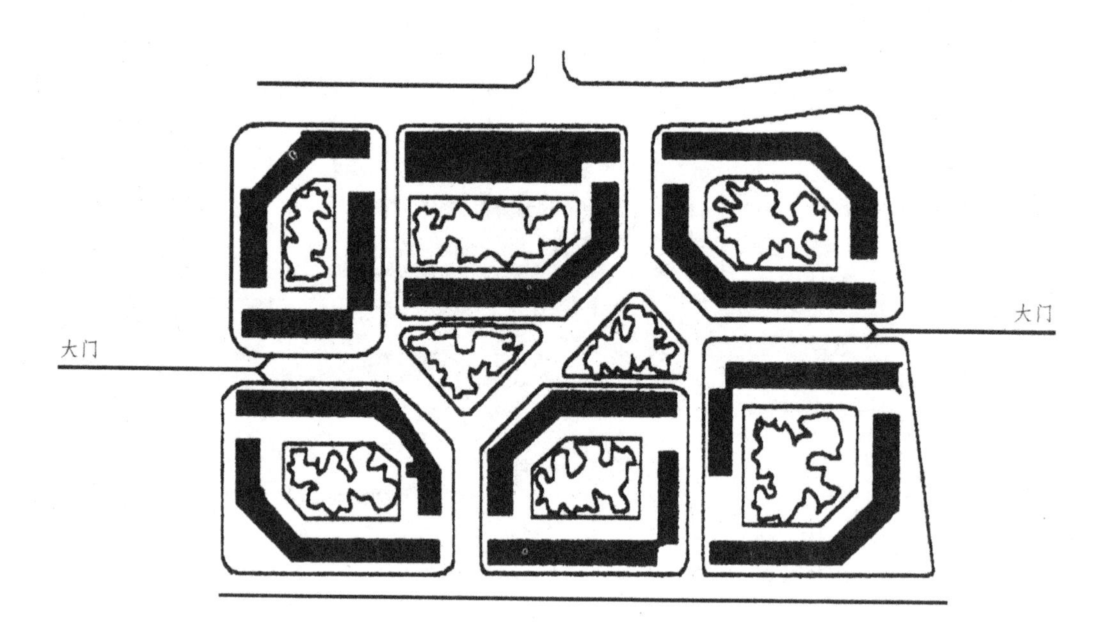

图6-3-8　小区大门位置的设置

（六）大门的附件

高科技的发展，带来了一些新型的大门附件产品。如电控、光控、声控、指纹控等各种形式的控制与遥控装置，给人们的生活带来很大的便捷。电子邮箱、防盗防火、保温等装置也使门的功能得以扩展。

门铃、门灯、对讲机等已成为大门常用的附件设置。设计时必须注意门铃和对讲机的安装高度应符合人体功能的要求，应在1.4~1.8 m之间，否则，在操作时会感到不舒服。

附件的大小要与门的大小成比例，风格也要相协调。如在小巧的庭园门上，安装一个很大的邮箱，会给人累赘的感觉。而在现代风格的大门上安装一个古典风格的门灯也会弄巧成拙。

四、大门设计实例图

图6-3-9　欧式古典风格大门

图6-3-10　欧式古典风格大门

图6-3-11　具有古典风格与现代气息的大门

图6-3-12　具有古典风格与现代气息的大门

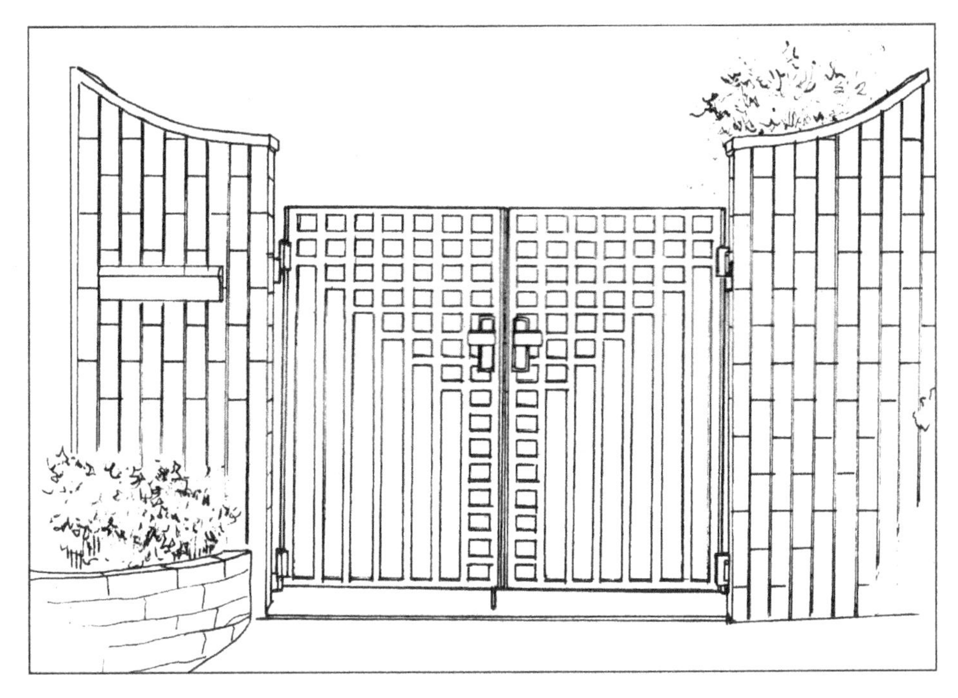

图6-3-13　现代风格的大门纹样

图6-3-14　现代风格的大门纹样

第四节　住宅建筑外环境中的围栏设计

一、围栏在建筑外环境中的作用

随着时代的变迁和西方文化的引进，围栏的防御和安全作用已开始减弱，而对空间的界定作用和环境的美化作用得以加强。因此，现代住宅的围栏在围合上趋向通透化，在高度上偏于低矮化，在造型上产生了丰富的多样化。

围栏的围合与隔离作用，体现在三个方面：一是防御与安全的作用；二是不同空间区域之间的界定作用；三是环境的美化作用。围栏以它们形态和构造来显示这几种作用。

围栏通常与大门结合在一起。它与大门一样，在住宅外部空间中起着围合与隔离的作用。大门既是围合界面又是交通枢纽，而围栏是纯粹的围合界面。

二、围栏的类型与特点

围栏的类型有很多种，按其高低、材料、形状、通透感、风格等可以分为下面几类。

（一）不同形状的围栏

（1）不带基座的围栏。它直接安装于地面，一般用于通透性较强的场合。

（2）带基座的围栏。大多用碎石混凝土砌成基座后外贴面砖或片石等，然后在上部安装通透的栏杆。这种围栏稳定性好、不易破坏、经久耐用，还可结合花坛、花槽制作，配以绿化。它是目前较为普及的形式。

（3）墙头安全栏。在围墙上加装尖制状的金属短栏，可以更有效地防止外人翻入围墙以强化安全功能。

（二）不同高度的围栏

（1）低围栏。按人体功能尺寸，障碍物在1.4 m高度以下时，人的视觉较为开敞舒适。按此高度制作的围栏称为低围栏，它一般用于强调界定与装饰功能的场所。

（2）高围栏。按人体功能尺寸，1.8 m以上为较难逾越的高度。按此高度制作的围栏称为高围栏。它一般用于强调安全与隔离功能的场所。

（三）不同材料制作的围栏

如同大门的制作材料相仿，围栏的制作材料也是分为钢铁、铝合金、不锈钢、竹、木材（包括仿竹、木合成塑料）等等。

在围栏的用材中有一种竹制的围屏，编成帘状纹样，特别适用于田园风味的别墅庭园。目前，仿竹形的合成塑料也已问世，这种耐腐蚀、价廉物美的新材料，因可以大量节约天然竹材而成为环保产品。

（四）不同通透感的围栏

（1）通透式。这种围栏以图案制成镂空纹样，形成通透效果。这种围栏装饰性较强。

（2）半通透式。一般有以下几种形式。

①不通透的基座加上通透的围栏所组成（见带基座的围栏）。

②不通透的墙上饰以通透的花式窗组成。

③不通透的墙间隔加上通透的围栏所组成。

（3）全封闭式。一般用于高围栏，强调防御功能。

三、围栏的设计原则

围栏设计时首先要考虑安全防护、限定界面、美化环境的要求，其次要注意到围栏与住宅建筑主体及大门的主次关系，在体量、尺度、色彩、风格上与建筑主体及大门相协调。

（一）围栏的图案与风格

在围栏造型中，图案是形成围栏整体形态的单体元素。

图案的构成要素是点、线、面。由它们的组合、变化可形成各种单体形态，然后由这些单体形态构成边片的围栏图案。

图案的基本造型有以下两种。

（1）以几何形态变化为基础的图案。

（2）以自然形象变化为基础的图案。

在围栏图案造型中，关键就是要将不同形式的基本纹样，根据形式美的法则将其有机地组织起来，使之形成具有节奏和韵律的美感。

围栏的风格由围栏的材料、围栏的形态和围栏的图案等因素形成，但其中主要的因素是围栏的图案。

围栏的风格主要有以下几种：

（1）田园风格。田园风格的围栏大多选用木制或竹制的天然材料，利用木纹、竹纹的肌理美来表现自然情趣，制作上用条状和块状材料组成线条形单元、格子形单元的围栏，如竹帘状、木格状、木栅状等，它们都形成一种自然的古朴的田园风格。

（2）现代风格。现代风格的围栏图案往往以几何形态为基础，组成简洁、新颖、粗犷的纹样。这类图案组成的围栏现代感极强，广泛地应用于各种现代住宅中。

（3）欧洲古典风格。欧式古典风格的围栏图案，纹样以精巧、优美、变化丰富见长。它们大多以自然形象为造型基础，如以三叶草、风铃、百合、雏菊、鸟首、鱼尾等作为基本纹样，并配以各种优美的弧线。这类图案组成的围栏给人以富丽堂皇、豪华高雅的感觉，多在欧洲庭园与别墅中采用。

另外，也有在竹、木围栏上饰以卡通风格的图案，以形成富有童趣的风格。

（二）围栏的形态

围栏的限定感是由它的形态和通透性所决定的。因此，在设计围栏时，应该根据界面的要求来设计围栏的形态。

而在以上各种形态要素中，高度对限定感的影响最大，因此要着重确定围栏的合理高度，见图6-4-1。

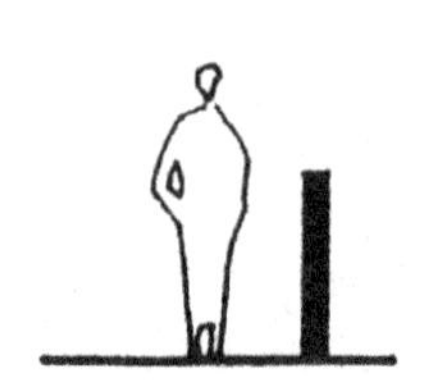

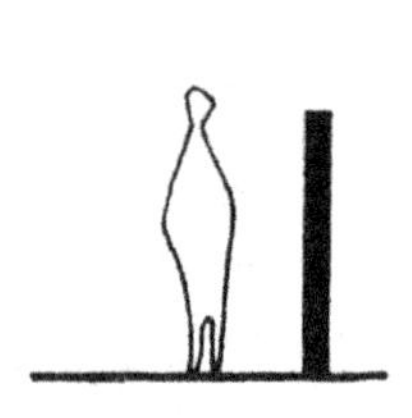

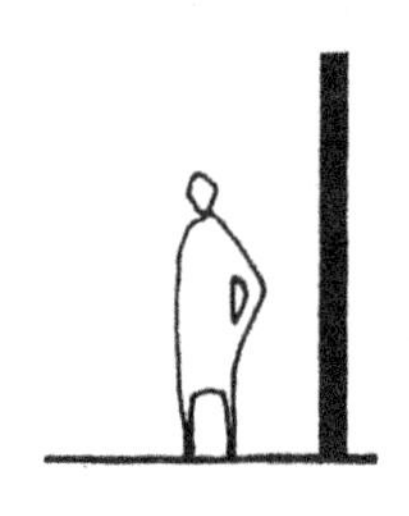

图6-4-1　围栏高度产生的空间感

同时，围栏的形态设计还应考虑与整个住宅建筑的周围环境相协调。

（三）装饰小品与绿化

在围栏上合理地点缀绿色植物与装饰小品，能起到画龙点睛的艺术效果。如在围栏下设置花坛，或在围栏下种植攀缘植物而形或绿篱，既可以美化环境，又可以调节小气候。

在门前的小围栏上，悬挂一些小花插、小花钵，或是按主人的兴趣挂一些小工艺饰品，往往是一些别墅主人的个人情趣的体现。这种源于欧式传统的习俗将会随着时代开放的步伐越来越贴近于普通居民的家庭。

（四）围栏的节奏与韵律感

围栏是一种由单体造型组成水平连续性的条形界面的建筑构件，因而在建筑环境中可形成节奏和韵律感。在设计中应充分应用这一特征来进行艺术的渲染。

如单体纹样基线为斜线的围栏，会产生一种前进的导向感；单体纹样基线为波纹状的围栏，会产生一种波涌跳跃的动感；单体纹样基线为弧线形、螺线形、抛物线形成的围栏，会产生一种迂回流淌的绵延感；粗犷形、特别是折线形为单体纹样的围栏，会给人以雄壮强烈的节奏感。

光影与色彩也会给围栏造成不同的感觉。如顺光时实栏的色彩与背光时实栏的色彩给人的感觉是不同的；在不同背景前实栏的色彩感觉也是不同的。因而，整体环境中的不同光影、不同背景会使围栏产生丰富的韵律美。

选择不同质感的材料做围栏，同样也会产生不同的节奏感。如轻质的纤细形的材料会形成轻快、流畅的节奏，而厚重、粗纹的材料却会产生凝重、低沉的节奏。

恰当地处理好以上这些因素，设计师就会给整个住宅区“奏响”一支美妙动听的小夜曲。

四、围栏设计实例图

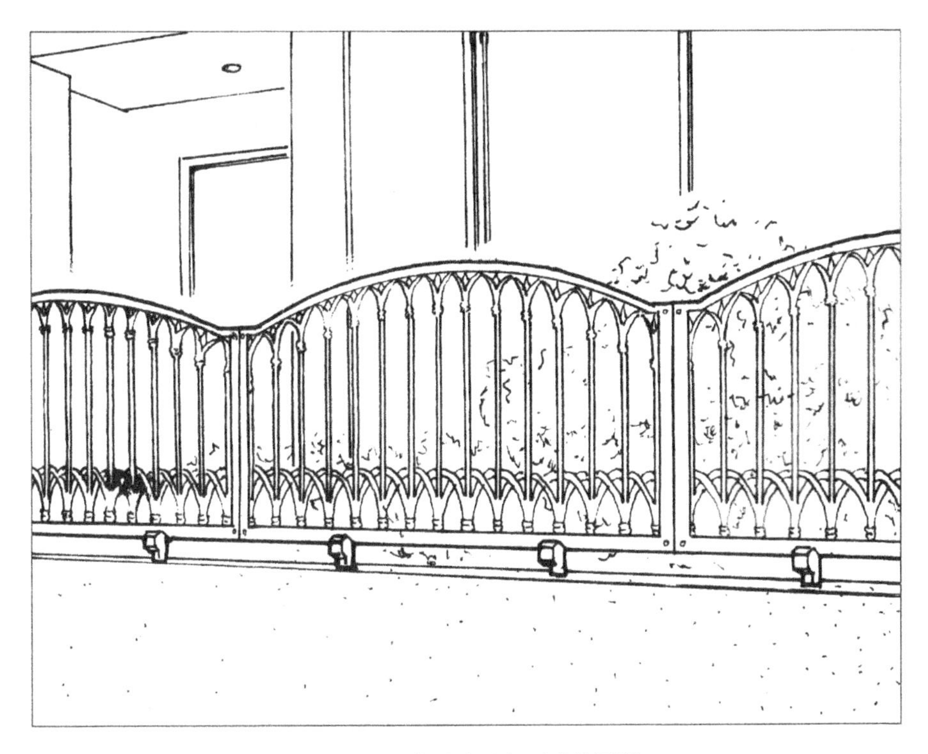

图6-4-2　大弧线反复形成的围栏

图6-4-3　连续弧形纹样

图6-4-4　不规则纹样

图6-4-5　欧式涡卷纹样

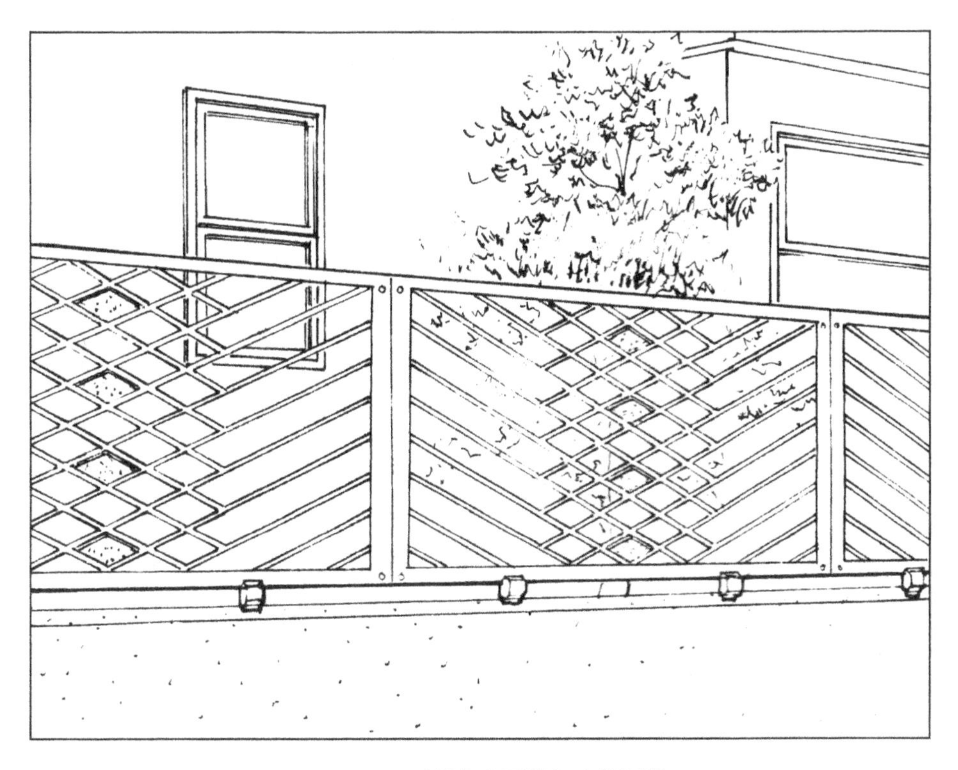

图6-4-6　以线条和面块组合的围栏

图6-4-7　强调界面功能的围栏

第五节　住宅建筑外环境中的棚与篷设计

一、棚与篷在建筑外环境中的作用

棚与篷都由支架和顶构成。棚与篷的区别在于：棚是指支架于地面的设施；而篷是指悬撑于檐口、窗顶阳台顶等部位的设施。

棚与篷的功能主要是遮挡阳光的暴晒和风雨的侵袭，同时还具有休闲和美化环境的作用。

虽然在现代别墅中，车库已成为必需的设施。而在许多公寓住宅区中，简洁美观而又少占空间的车棚却更容易得到购车族的偏爱。

人们向往在住宅环境中有一个舒适的休闲天地，在此可以品茶、聚会小憩与锻炼。因而，宽敞舒适的遮阳棚在公寓、别墅中应运而生。而在一般住宅的庭园中，人们更青睐于一种简易的、可收卷的篷式设施。

棚与篷的大量出现是现代住宅环境设施中的新的内容，它是人们生活质量提高的标志，随着时代的发展，棚与篷将会在住宅环境中占有越来越重要的位置。

二、棚的类型与特点

棚的类型可按材料分，可按使用功能分，也可按强度来分，主要有以下几种类型。

（一）不同材料制作的棚

（1）顶面。可以用磨砂玻璃、吸热玻璃、轻型铝百页板、合成塑料、石棉波形板等制成。

（2）支架。可以用铝合金、不锈钢、铸铁、木材等制作。

（二）不同功能的棚

（1）遮阳棚。主要用于家庭聚会的休闲场所，也有兼作晒衣棚的。

（2）车棚。汽车棚是存放家用轿车、小型越野车等车辆的场所；自行车棚是存放自行车、摩托车等车辆的地方。另外，也有同时可存放汽车与自行车的车棚。

按棚顶的形状，遮阳棚可分为普通型、单坡型、对称型三种。

（三）不同强度的棚

（1）加固型棚。在北方积雪较多或在沿海风大的地区，棚就要采用加固型构造，如棚柱可用双边柱式、加撑式、M型式、加侧壁式等。棚面的厚度也要加大或选用一些较为坚固的金属材料，如薄铝板、薄钢板等。

（2）轻便型棚。轻便型棚一般用于南方少积雪与风小的地区。可以采用轻巧的柱式构造，如单边挑出式、Y型柱式等。轻便型棚的构造简便、轻巧大方。

三、篷的类型与特点

（1）活动篷。在既希望采光，又需要遮风挡雨的场合，如窗子上方、庭院台阶上方等位置大都采用活动篷架。它用活动支架和软性材料（如铝合金百叶板、帆布、塑料布等）组成。

（2）固定篷。采用铝合金、木材等支架和薄铝板、石棉板、有机玻璃板等篷面组成。固定篷一般安装在屋檐口或阳台上方。

活动篷的开启方式分下列四种：拉绳式、链条式、摇杆式、电动式。虽然电动式活动篷尚未普及，但它应是今后发展的趋向。见图6-5-1。

图6-5-1　活动篷的四种开启方式

四、棚与篷的设计原则

（一）遮阳棚的色彩

遮阳棚的色彩选取一般要比建筑立面的色彩艳丽，因为这样可以增强建筑环境的色彩效果。一般选取明亮的色调，这对于住户心态的影响也是积极的。

（二）遮阳棚的设计

（1）遮阳棚的材质较多，设计中可根据使用的要求和结构的需要来确定。

（2）遮阳棚的高度应控制在底层层面以下，棚面尺寸通常不低于2 m。

（3）遮阳棚的面积一是根据建筑底层空余面积，二是根据休闲、锻炼等活动需要的实际面积综合考虑。

（三）车棚的设计

（1）车棚的强度设计需要考虑当地的天气条件，即积雪的多少与风力的大小。

（2）车棚的位置应该设置在紧邻与住宅的部位，以方便使用。同时注意车辆的通道与人流的通道需要分开。

（3）车棚的尺寸要满足能全面覆盖其所需要覆盖的车辆。这里的车辆指的是摩托车、家用轿车、小型越野车及自行车。轿车的停车方式与基本尺寸间图6-5-2。

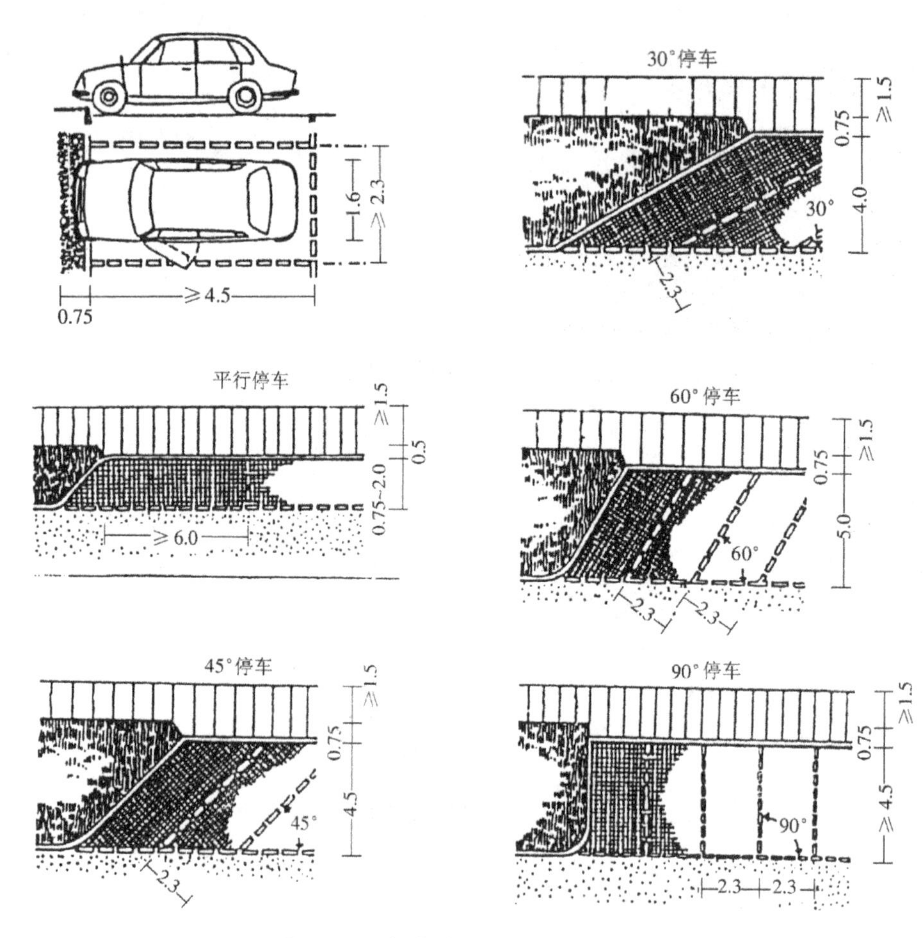

图6-5-2　轿车的停车方式与基本尺寸

自行车的基本尺寸与停车面积见表6-5-1和表6-5-2。

表6-5-1　自行车基本尺寸　　单位（mm）

类型	长	宽	高
28寸	1 940	520~600	1 150
28寸	1 820	520~600	1 000
28寸	1 470	520~600	1 000

表6-5-2　自行车单位停放面积（以28寸为标准）

停车方式（与通道所成的角度）	单位停放面积（/辆）	
	单排停车	双排停车
90°	2.10	1.71
60°	1.60	1.35
45°	1.30	1.10
30°	1.10	0.95

五、棚与篷设计实例图

图6-5-3　单边挑出式的轻便型车棚

图6-5-4　双边柱，带壁顶层加厚的加固型双车汽车棚

图6-5-5　拱形汽车棚

图6-5-6　普遍型顶面遮阳棚

图6-5-7　开放型遮阳棚

第六节　住宅建筑外环境中的景观小品设计

一、景观小品在建筑外环境中的作用

优秀的景观小品极具有装饰性，它们可美化和丰富建筑外环境。随着住宅室外环境质量的提高，景观小品所追求的层次将会不断提高。

建筑外环境中的景观小品有两类，一类是既具有使用功能，又具有观赏功能的生活服务设施，如门（地）灯、门柱、凳、桌椅、阶梯扶手等。它们在功能上可以给人提供休息、交往和使用的方便，满足人们的生活需求。同时，也影响着建筑外环境的景观效果。

另一类是单纯具有观赏功能的艺术品，如花坛、花架、小饰品等。

在一些独院住宅和别墅中，景观小品往往反映了户主的文化涵养，生活情趣以及个性特点。

二、景观小品的类型与设计原则

（一）门（地）灯

为了便于夜间照明，往往在住宅室外大门上装设门灯，如门灯的光照不够，则再装设地灯作为辅助光源。

在室外大门通往宅内的道路上，也可以设置庭园灯或地灯作夜间引导。这些灯具的形状和光照往往使住宅环境显得更加幽雅。

1. 门（地）灯的电气线路

应在环境施工时预埋管线，并作好防水、防腐措施。

2. 门（地）灯的尺度与风格

门（地）灯的尺度与风格要与大门及门柱的尺度与风格相协调。

3. 门（地）灯光源的选择

（1）光源的种类

光源：固体发光—白炽灯；新型节能灯—气体发光—低气压灯—管形荧光灯—低压钠灯。

（2）对光源的基本技术要求

光源的照度水平：一般应在1~30 lx。

光源的照明质量：避免眩光。

一般在选择光源时，应根据上述两条来选择灯的种类与高度。而灯罩的遮光方式还应根据下列图表来设计。

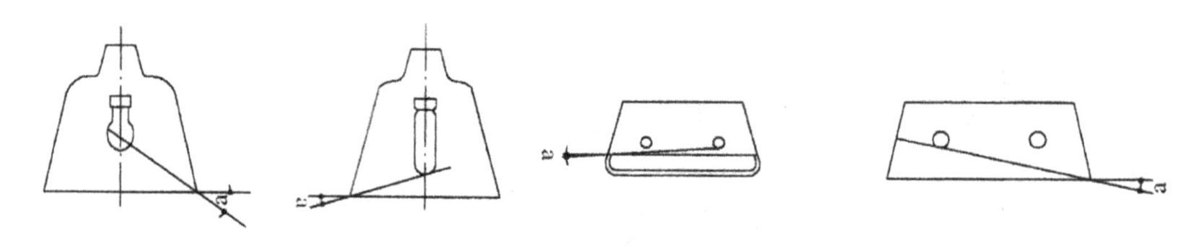

图6-6-1 直接型灯具的最小遮光角

表6-6-1 直接型灯具最小遮光角限制值

灯的平均亮度（10^3cd/m^2）	Ⅰ	Ⅱ	Ⅲ
L≤20	20°	10°	—
20<L≤50	25°	20°	15°

表6-6-2 《民用建筑照明设计标准》直接眩光限制等级

限制等级	Ⅰ	Ⅱ	Ⅲ
眩光程度	天眩光感	有轻微眩光感	有眩光感

（二）门柱

1. 门柱的类型与特点

（1）根据形状分，门柱断面可分为矩形、方形、圆形等。

（2）根据材料分，可分为铝合金、铸铁、面砖、混凝土制品、木材等。

（3）根据功能来分，可分为附属于大门的门柱和独立门柱。

附属于大门的门柱可分为大门单边带门柱和大门双边带门柱两类。它们的功能主要是安装门扇和便于安装门铃、门灯、信箱等附属设施。

独立门柱的功能不但是安装一些附属设施，装饰功能也尤为重要。独立门柱本身就是景观小品，同时还可安装一些花钵、花篮、小饰品、装饰牌等作为环境的点缀。

2. 门柱的设计原则

（1）如果门柱上要安装电器设施，应先做好线管和器材的预埋并标出有关设置的安装位置。

（2）门柱的造型风格必须与大门、围栏等相协调。门柱饰面材料大多是面砖、石材，其色彩大都为灰色。而用铝合金门柱则可用较深色的色彩。

（3）门柱的比例、尺度必须与大门、门墙等环境相协调，门柱的高度通常略高于大门和围墙。门柱的断面尺寸可视材料的不同而确定。如混凝土门柱的断面尺寸一般要在500~800 mm之间，而铝合金门柱的断面尺寸一般在300~450 mm之间。

（三）桌、椅、凳

在独院庭院和别墅园、小区的道路旁与小花园中，可设置一些桌、椅、凳以提供人们的休憩与聚会等。

1. 按功能分

可分为单功能和多功能的桌、椅、凳。有的桌、椅、凳可与其他设施结合起来形成多功能的设施。如在现代小区住宅中常常设置与围栏相结合的条状凳作为居民纳凉、晒太阳等休憩用。有的与地灯结合起来，既作为灯架，又作为坐凳使用，也可与花坛结合起来设置坐凳等。

2. 桌、椅、凳的设计原则

（1）桌、椅、凳的设计风格。外环境中桌、椅、凳的形式可以多样化、个性化。一方面可结合庭园的地形与设施来巧妙地设置，如与花坛、围栏、树木等结合起来设计。另一方面可利用仿生、仿物等变形来设计它的外形，以更有趣味性。同时，也要注意到与住宅环境的协调统一，色彩上可以更加丰富多彩。

（2）桌、椅、凳的高度。外环境中桌、椅、凳的高度应比家用桌、椅、凳的高度略为低矮些，一般椅、凳应在360~400 mm之间较为舒适。桌子应在680~720 mm之间较为舒适。

（四）阶梯扶手

住宅外阶梯的扶手与住宅室内楼梯相比，更强调观赏性与舒适性。

有些住宅的底层，由于存在室内外的高差，需要设置阶梯和扶手，以方便人们的上下，同时也美化了环境。

1. 阶梯扶手的种类与特点

（1）独立安装的扶手。由扶栏与立式支架构成。制作扶手的主要材料有木材、铸铁、不锈钢、铝合金等。

（2）靠墙安装的扶手。这种扶手形式较为简单，由扶杆与点式支架构成。

2. 阶梯扶手的设计原则

（1）扶手的风格。室外阶梯扶手因较短，形体设计应强调简约大方、线条流畅。而色彩的选择可较为广泛一些。风格上与大门、围栏等相协调。

（2）扶手尺寸。阶梯扶手应有适当的高度，一般在1 050~1 100 mm之间，以保证人行走道的舒适与安全。有些扶手纯粹是为了装饰，其高度可在0.8m以下。有些高档别墅的阶梯处设置双层扶手，一方面适合成人与儿童的不同需要，同时也为了更加美观别致。

阶梯扶手的高度应结合坡度考虑。坡度大的阶梯扶手应低些，反之，则应高些。

另外，阶梯扶手的圆截面尺寸应在40~60 mm之间，以便手握时较为舒适。靠墙扶手突出墙面应在90 mm以内，其支点间距应在1 500~1 800 mm之间。

（五）小饰品

建筑外环境设计中有很多种类的景观设施，如雕塑、水景、绿植、亭廊、地面铺装、石景等，品种繁多。

在庭园及别墅住宅的室外大门及围栏上，除了花饰以外，往往还根据主人的喜好安装及摆放一些小饰品，如饰牌、小挂件、小工艺品等。饰牌上往往示以家族或姓氏的纹样以作为标志，制作较为精美。

小饰品的材料可用金属、陶瓷、竹木、塑料等。这些小饰品的风格最好与大门、围栏相统一，但也可别具一格以示对比突出。色彩上可鲜艳醒目，并随主人喜好而定。

（六）花架与花坛

花坛、花池、花钵、花盆的形式可谓多种多样。仅花坛的形式，就有立式、铺式、架式、支式、吊式等。花池设计时应考虑池深、排水等问题。花钵、花盆小巧玲珑，可挂放在大门、门柱、围栏、花架等上面作为庭园的“小摆设”，起到点缀增色的作用。

花架是攀缘植物的棚架，又是人们夏天遮阳的地方，是庭园中一个极好的观赏点。花架的造型比较灵活和富有变化，可用平式、拱式、亭式、单柱式、廊式等等。搭建高度可在2 m以上，形成绿廊、绿篷、绿架等。也有低矮在1 000 mm以下的，仅为放置花盆、花钵等。

为了把大自然的绿色引入城市，住宅外环境的绿化设计是不可少的。在此中，花架与花坛的设置，可谓是画龙点睛，在绿色中增添了丰富多彩的色彩。

三、景观小品设计实例图

图6-6-2　庭院小饰品

图6-6-3　花架、花托、小树点缀室外环境

图6-6-4　大门前的花坛与绿树

图6-6-5　欧式古典风格的门柱及其装饰

第七章　办公建筑外环境设计

办公建筑是一个应用广泛的建筑门类，它可以集中形成一个金融、贸易中心，占据城市中心的一个区域，也可以分散布局于各工厂、学校、行政机关之中。本章论述的重点是建于城市中心区的办公楼的外环境设计，它们通常辟有专用基地，形成独立的单体建筑外环境，同时也是城市中心区总体环境的重要组成部分。

第一节　办公建筑外环境的功能

办公建筑外环境作为单体建筑外环境，具有以下三个主要功能：联系城市环境与建筑室内环境；提供室外活动空间；陪衬与烘托建筑的主体形态。同时其功能也具有一定的特殊性。

一、外部活动空间的创造

办公楼外环境设计应考虑为人的户外活动创造适宜的空间。一些办公楼的外环境较为独立，局限于内部使用，可以供办公人员休憩、交谈、赏景之用。另一些办公楼则能为城市提供良好的开放空间，这在拥挤的中心区中显得尤为可贵。如辛辛那提的P&G总部办公楼的室外广场，建筑师完全将其作为一个公众广场融于城市环境之中。具有强烈韵律感的图案配合水池与树木，为市民提供了一个良好的活动空间（图7-1-1）。

二、交通联系与组织

办公楼，尤其是高层与超高层办公楼，其室外的交通联系与组织有其本身的特点。一是办公楼外环境中人流与车流量大，进出的时段较为集中。二是基地、建筑以及车库的出入口呈分散、立体分布的特征，人流车流较为复杂。三是地面还需考虑一定数量的各类车辆的停车位。而与此相对的是城市中心区用地紧张，使得室外空间一般都很局促。所以交通的联系与组织往往是在环境设计中首先需要满足的基本功能，也是平面布局的出发点。

三、建筑形态的烘托

建筑外环境为人们从近处感受建筑的形态提供了最佳的观赏点，同时，环境中的绿

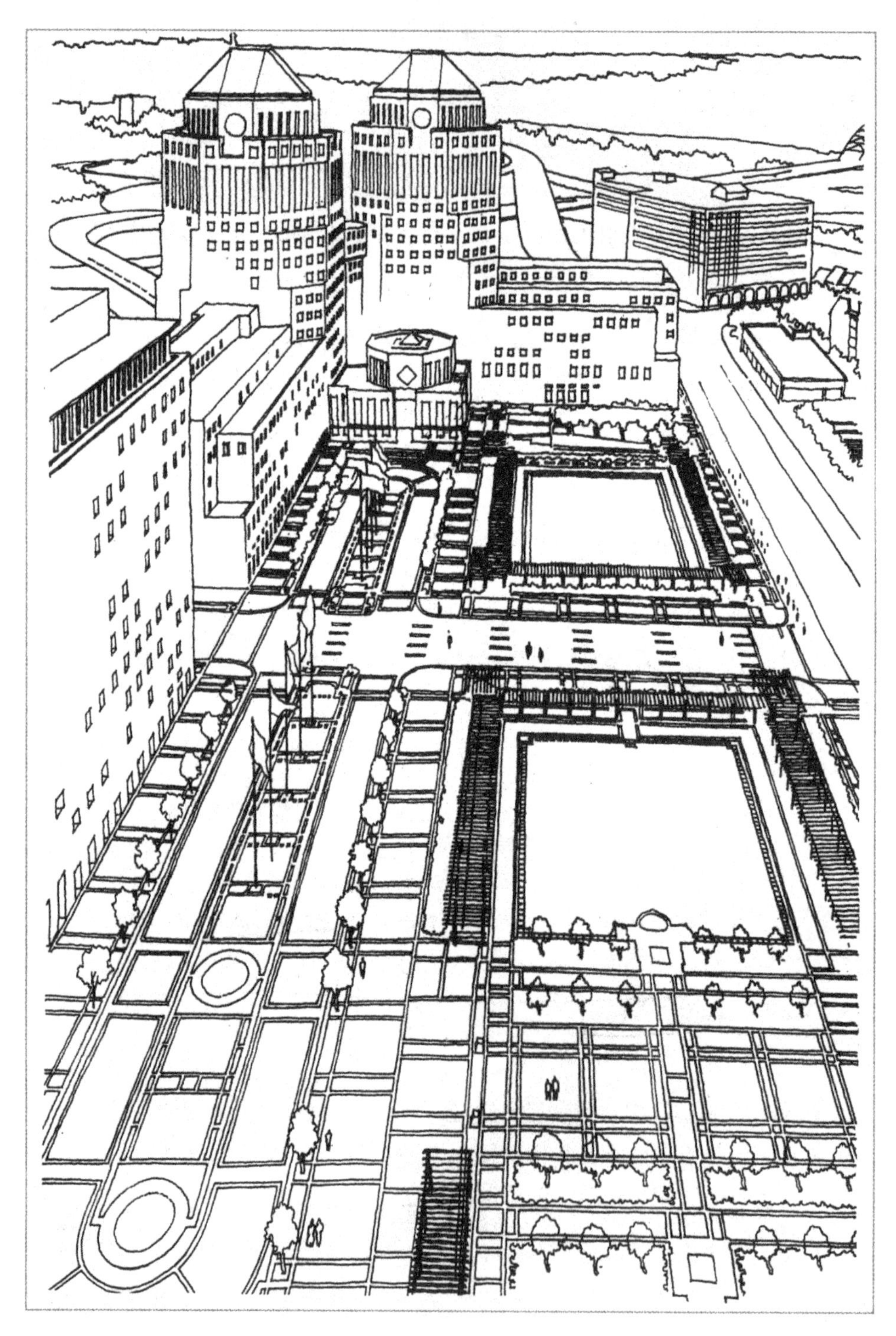

图7-1-1 辛辛那提P&G总部大厦广场

化、铺地、雕塑构成了画面的前景，具有丰富、柔化建筑形态的作用。在办公楼林立的城市中心区，和谐统一的外环境往往成为联系建筑形态之间的纽带，在开放空间周围形成整体的建筑景观。对于建筑近前的人来说，良好的外环境设计又能消除一些高层办公楼的巨大体量给人带来的压迫感，使环境更显亲切。

第二节　影响办公建筑外环境布局的因素

除了在办公楼的外环境中需满足以上三个主要的功能要求，一些规范上、技术上的因素对其布局也具有很大的影响力。这是在所有建筑外环境设计中都需考虑的问题，在一些用地紧张的高层办公楼的外环境设计中则更为突出。如规划部门会依据基地的具体情况对建筑的覆盖率、建筑退界、绿化率等做出规定，在建筑防火方面需考虑设置环形消防车道（或沿高层办公楼两个长边设置消防车道）。交通部门又会对室外需考虑的汽车与自行车停车位做出规定……

以上种种对外环境的大小、形状和布局起到重要的影响作用。有时一些建筑设备因素也需要在外环境设计中加以考虑。如进出建筑的管线敷设，地下机房的进出风口，地面的独立设备用房，等等，这些因素处理不当会给外环境的布局与景观造成损害。

第三节　办公建筑外环境的空间设计

一、空间形态与建筑

办公楼外环境的空间形态与建筑的形态是息息相关的。建筑物外墙的平面轮廓、建筑高度与外环境的空间形态都有直接的关联。如果外环境表现为较为封闭的庭园，按其与建筑的位置关系可以分为前庭、中庭、后庭、侧庭。其中，前庭通常作为重要的交通空间，承担着多数进出的人流与车流，同时也是从城市空间进入建筑室内过程中重要的过渡空间。中庭、后庭与侧庭则主要供内部人员观景、休憩、交往使用（图7-3-1、图7-3-2、图7-3-3）。这其中，中庭的空间形态比较特殊，由于有建筑的包围，易于创造出委合度较高，形态较明确，也较为幽静的室外空间（图7-3-4、图7-3-5）。

二、空间的立体分布

在一些建筑规模巨大而用地狭小的办公楼的设计中，常见将室外空间和建筑空间相结合，由平面分布向着立体化发展。在节约用地的同时也创造了许多别具一格的室外环境。丹下健三在东京富士三经大楼中设计了台阶广场和空中平台作为人们最主要的交往空间。上海商城则通过将底层架空，使之具备了大楼前广场的功能（图7-3-6），其间又精心设计了叠石水瀑以及景观良好的旋转楼梯，使空间丰富而优雅。至于将屋面层设计成为空中花园的实例更是非常多见（图7-3-7、图7-3-8）。这些与办公建筑叠合在一起的室外环境，为人们提供了许多适宜的户外活动空间，也为建筑增添了美感。

图7-3-1　中银大厦室外庭院

图7-3-2　庭院水景

图7-3-3　水池细部

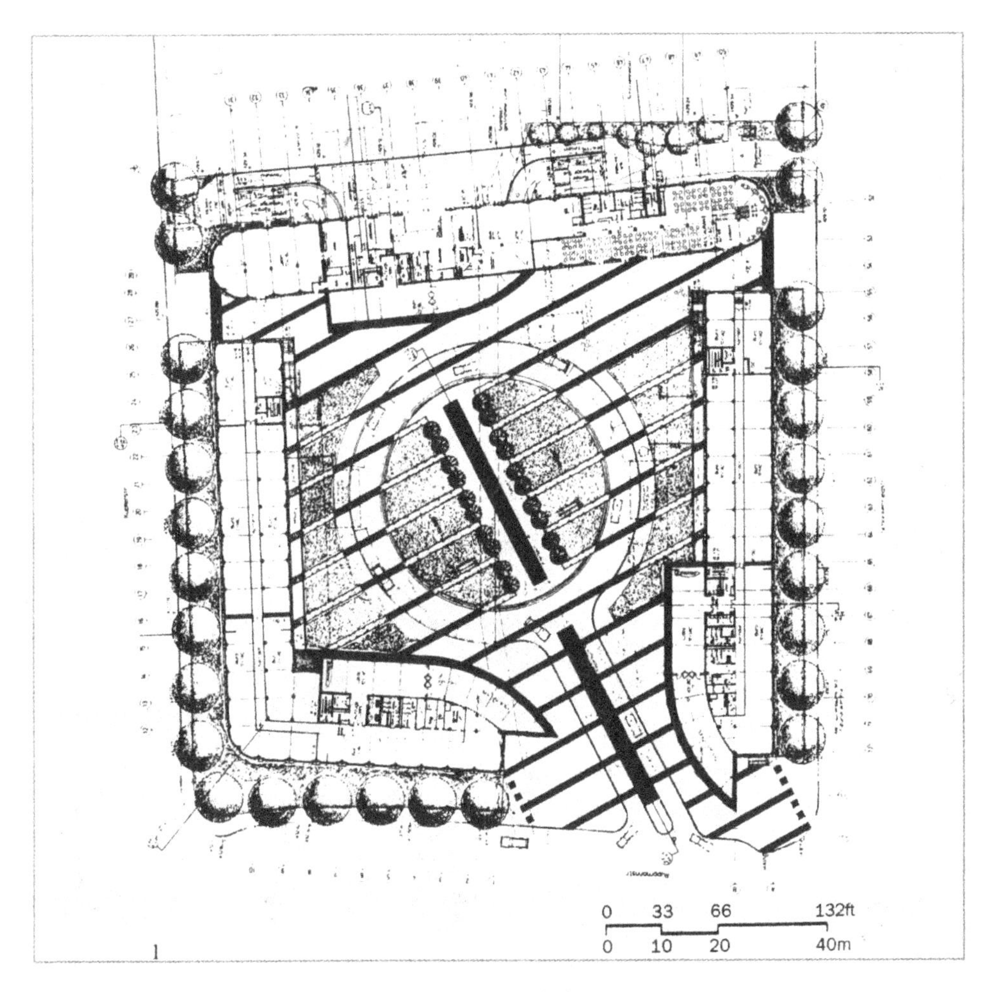

图7-3-4　办公楼中庭平面图

图7-3-5　办公楼中庭

图7-3-6　上海商城中庭空间

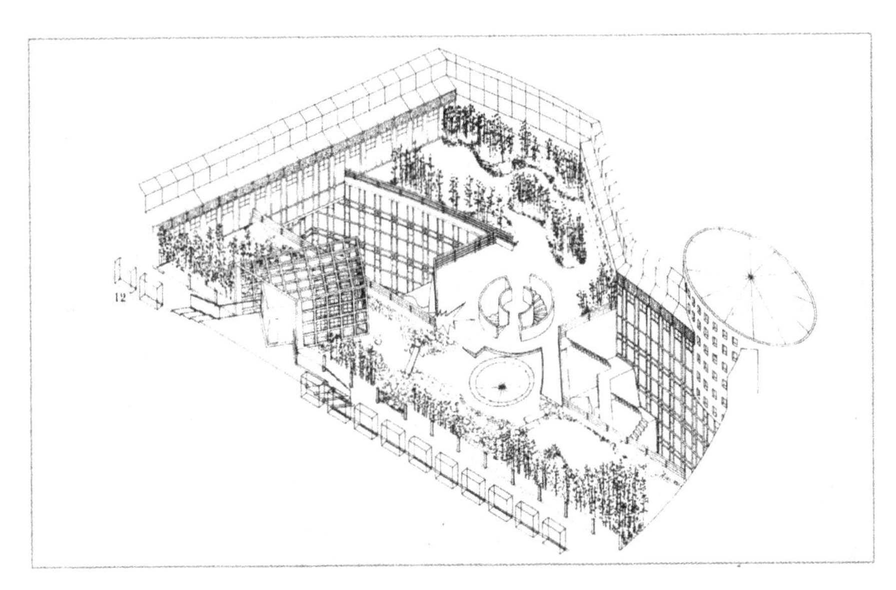

图7-3-7　德方斯屋顶花园

图7-3-8　屋顶花园

三、空间的层次与尺度

办公楼如果体量巨大常会失去尺度感，而其外环境也会在它的压迫下变得缺乏人情味。这时，利用一些环境要素的设计在人与建筑之间建立尺度的联系，并建立一些“虚面”使空间具有一定的层次感是非常有效的改善环境质量的方法。例如，在办公楼的外环境中孤植几棵大树，在人行环境周围种植绿林、设置各式小品雕塑等（图7-3-9）都能起到很好的作用。

图7-3-9　雕塑小品尺度

第四节　办公建筑外环境的要素设计

办公建筑外环境中的铺地、绿化与水景对环境质量的提高具有极为关键的作用。在满足这些要素应有的功能的同时还需充分考虑其景观性。商务广场国家银行大厦的庭院设计是一个较突出的实例。通过水景、绿地、院墙的设计使环境非常宜人，甚至带有几分轻松自然的乡土气息（图7-4-1）。幕张世界商务中心广场因其明快的铺地图案使整个环境充满了活力（图7-4-2）。

图7-4-1　国家银行大厦

图7-4-2　幕张世界中心铺地广场

环境中的设施配备也非常重要。如灯具（图7-4-3）、各类景观、服务设施的形态与布局都需与环境、建筑相协调。此外，由于办公建筑的公共性特征，在环境的各个部位均需进行必要的无障碍设施设计。

图7-4-3　商场外的灯具

第五节　典型实例赏析

一、深圳电视中心方案

深圳电视中心坐落于福田中心区，南临深南大道，西接新洲路立交桥，是一幢集电视节目制作、播出及表演为一体的综合性办公楼。以下是华东设计院徐维平建筑师等为电视中心设计的方案（图7-5-1）。

（一）设计理念

在设计之初，建筑师就将其关注的焦点从单体建筑本身扩大到环境，以及对城市的外部空间形成所能起到的作用上。建筑师以一系列开放空间为出发点，在建筑电视中心大楼的同时也为市民营造了室外的生活空间，并使之成为一个适宜于人们交流，并能诞生各种文化观念、艺术形式等城市既有特征的理想场所。

（二）开放空间

在深圳电视中心的室外总体中，依次在东南部、南部和东北部安排了入口广场、中心广场以及开放庭园三个主要的开放空间（图7-5-2）。

（1）入口广场。入口广场与基地东侧的主入口临近，为高耸的弧形建筑外墙所包

图7-5-1　深圳电视中心方案

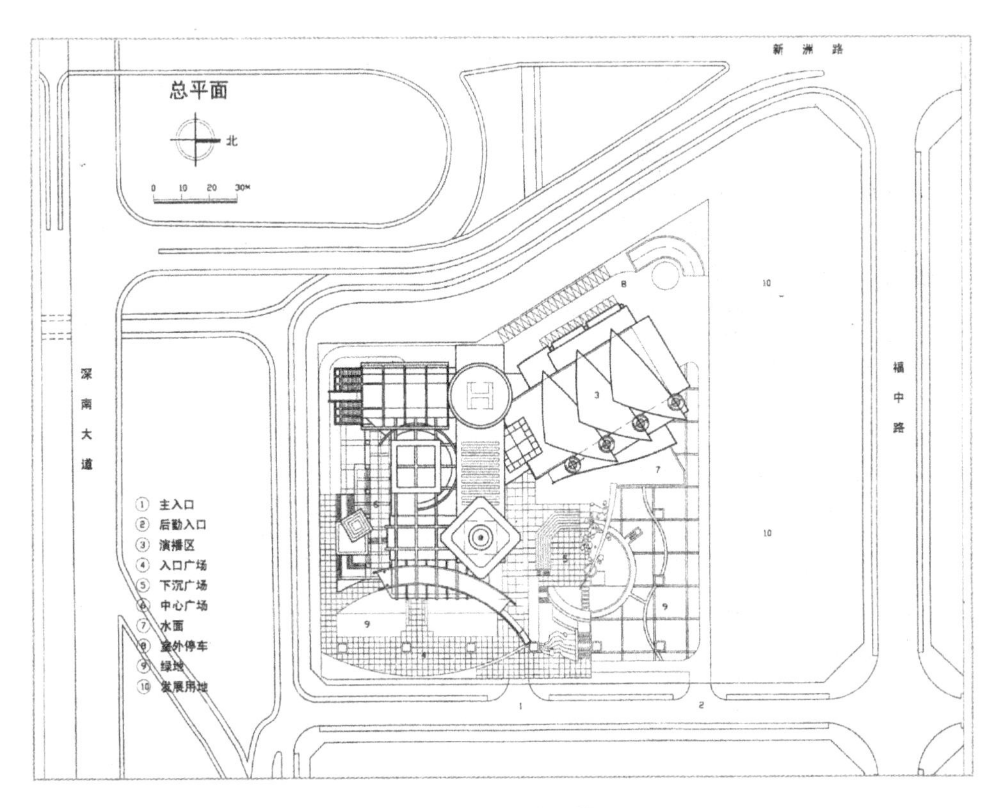

图7-5-2　总平面

围，并将人流引向建筑，构成了气势恢宏的入口空间。

（2）中心广场。中心广场位于建筑南端6.000m标高的架空平台之上，由主楼与西侧的辅楼围合而成，颇具气势。宽阔的台阶以及斜坡式的绿地，跌落水景将人们从东南两侧的入口广场引至中心广场，并由此进入建筑的各个区域。平台之下是车行广场，立体化的广场布局使人车得以很好地分流（图7-5-3）。

图7-5-3　入口透视

（3）开放庭园。设计师将基地的整个东北角都设计为一个开放的庭园，并将主楼架空，使中心广场、入口广场与庭园贯通而成为一个整体。庭园中成片的绿地和水景体现出开朗、活跃的现代风格。并在其中设计了下沉式室外演艺广场，使室外环境更富于现代感和文化气息（图7-5-4、图7-5-5）。

二、上海电视台大厦

上海电视台大厦位于上海电视台南端，面对石门路，是汪孝安建筑师于上海电视台建成的第二个作品（图7-5-6）。以下对其外环境设计做一些介绍。

入口由于建筑紧贴石门路，对入口空间的设计造成一定的限制。建筑师设计了一个尺度较大的弧形雨棚，将入口空间的大部分置于其下。由于这个半室外的空间具有两层高度，且雨棚顶部采用玻璃材质，使空间明快而有气势。入口部位净白玻璃的建筑立面和半室外的楼梯将内与外、上与下的空间融汇在一起，为入口空间增添了丰富感（图7-5-7）。

庭院大楼北侧是开敞的庭院（图7-5-8），临近建筑的部分设有一个有高差的硬地广场，其余大部分设计为布局自由的绿地庭园，并有一条铺石小径蜿蜒其间，与几何图案的硬地广场形成了较大的反差。偌大的庭院既为办公人员提供了外部活动空间，

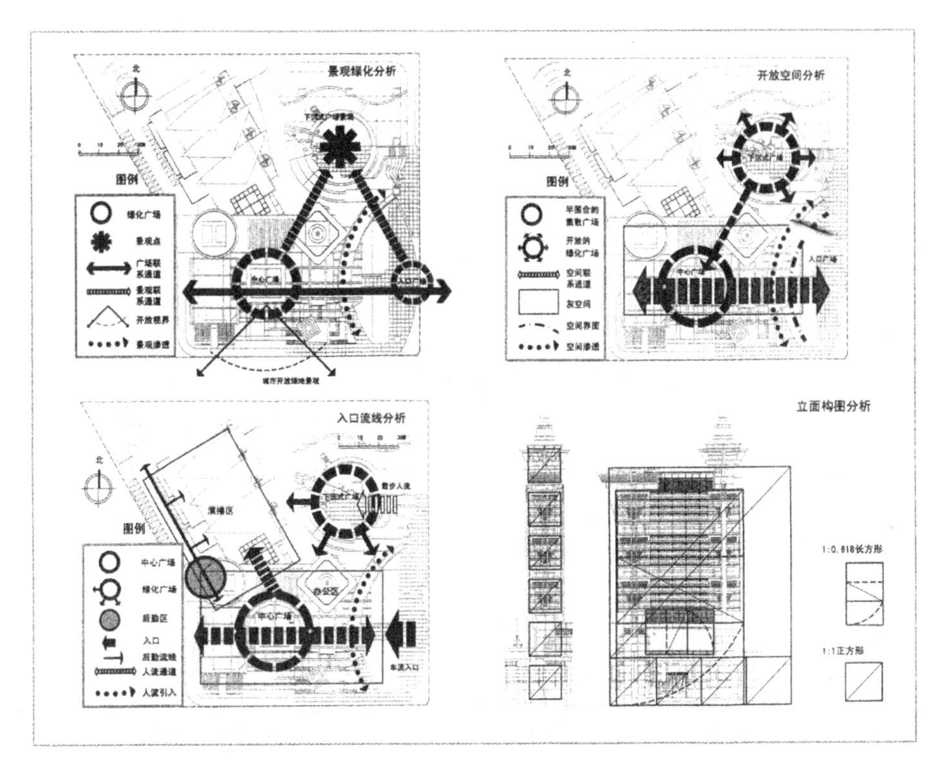

图7-5-4　分析图

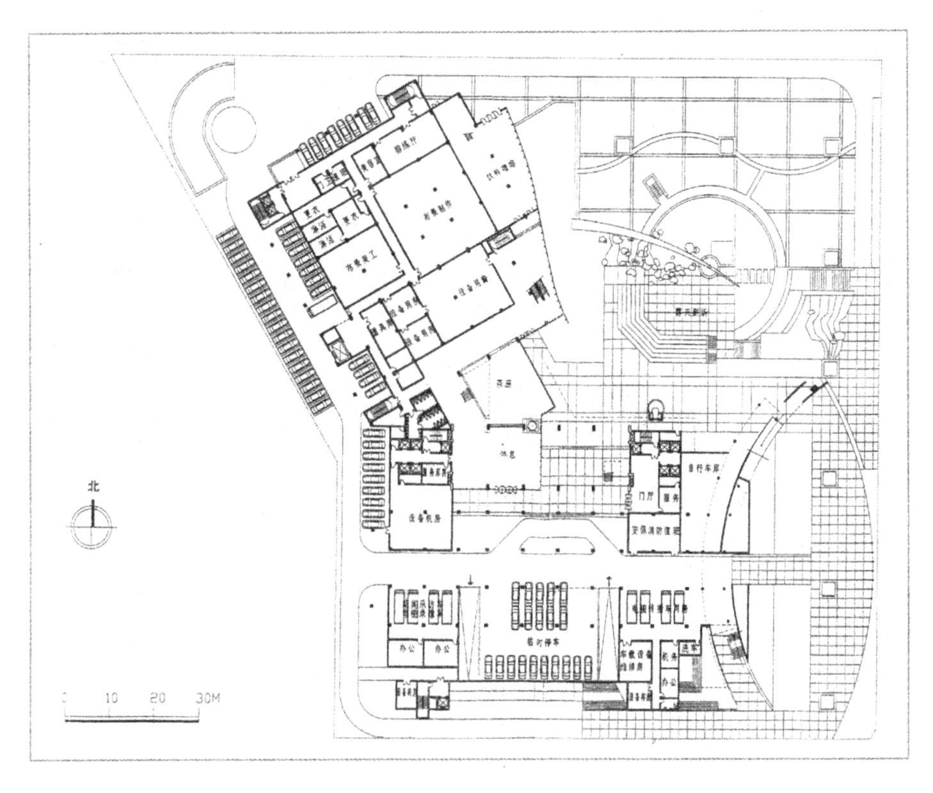

图7-5-5　一层平面

图7-5-6　上海电视台二期工程实景

图7-5-7　入口雨篷

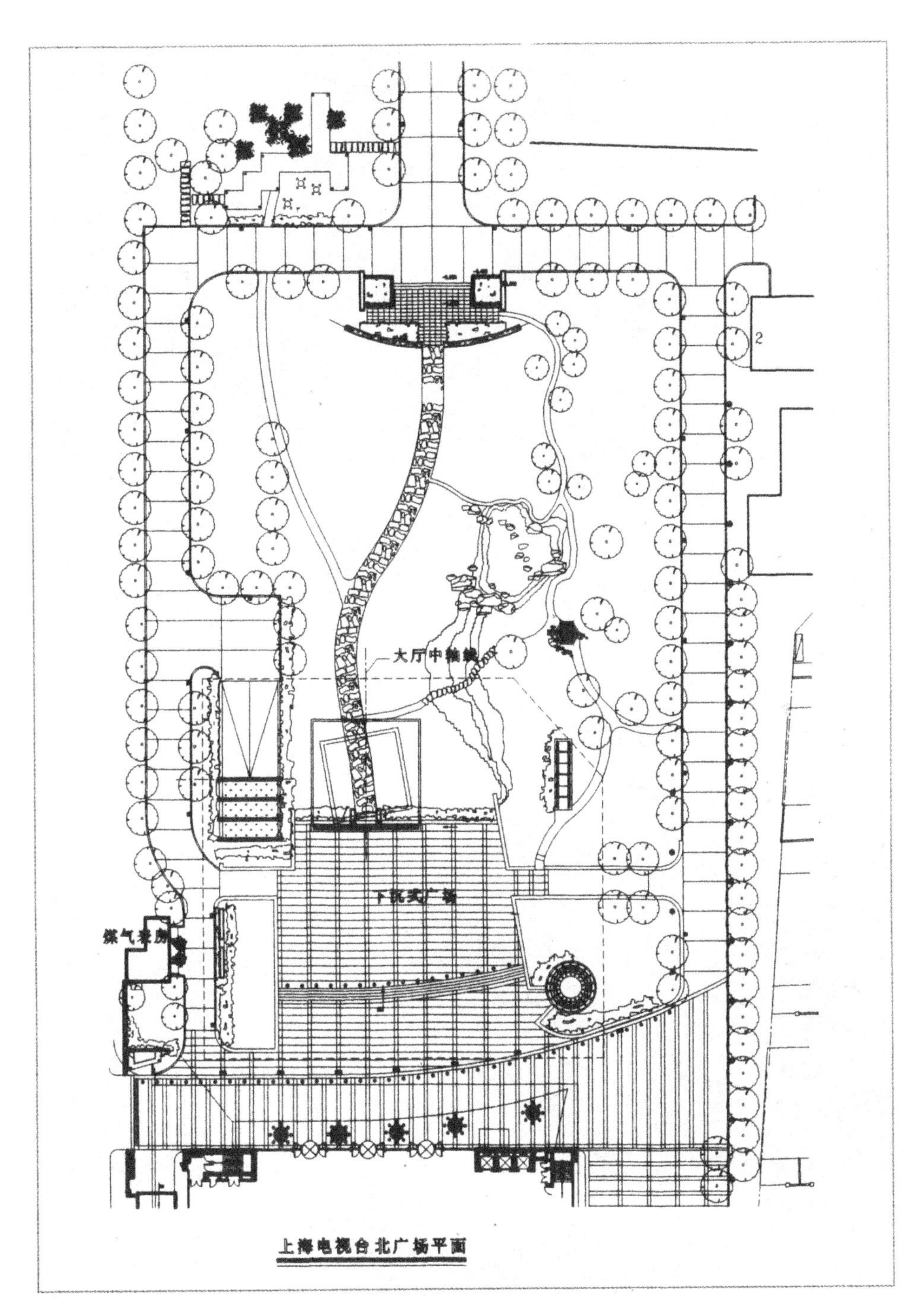

图7-5-8　上海电视台北广场平面

又使充满现代感的建筑得到良好的映衬（图7-5-9）。

建筑小品与设施电视台大厦的室外环境中设计了几座建筑小品，如入口处的接待室、庭院中的地下车库、行人出入口等（图7-5-10）。为了与建筑的风格相一致，建筑小品的用材多采用玻璃与不锈钢，造型也力求体现精致、明快的现代风格。一些环境设施的设计也是如此，如电视台的标志牌、灯具等都对环境起到了良好的点缀作用，并与整个建筑环境相和谐。

图7-5-9　庭院铺地

三、海湾大厦外环境

海湾大厦为一幢27层的商住办公楼，坐落于上海南外滩的西端，并邻近著名的外白渡桥和上海大厦（图7-5-11）。大楼的基地呈三角形，用地较为局限。在围绕大厦10m左右的区域中安排了大厦的出入口、地下车库的出入口以及20来个地面停车位（图7-5-12）。同时又挤出几块有限的零星用地进行绿地和景观设计，使办公楼的外环境较为亲切、优美（图7-5-13）。

图7-5-10　电视台门口

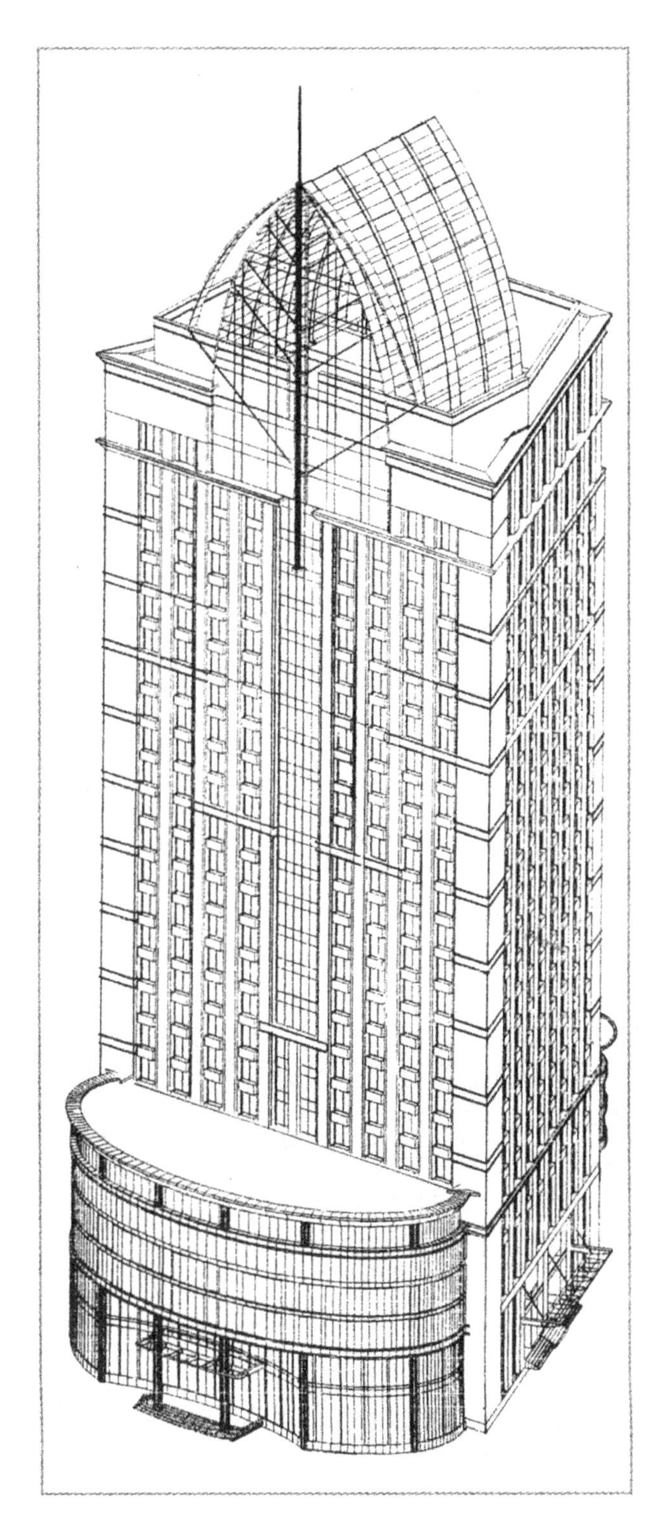

图7-5-11　上海海湾大厦

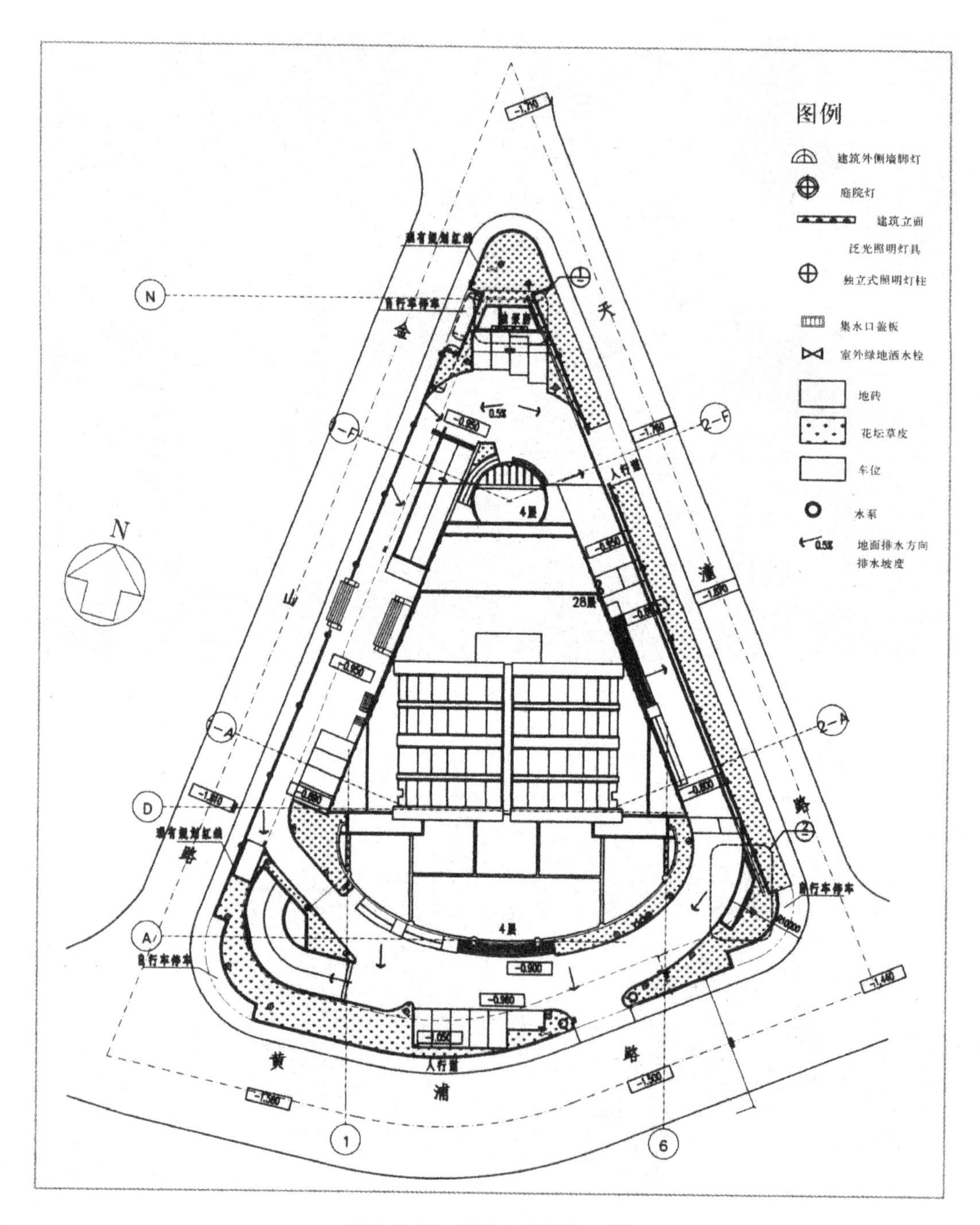

图7-5-12　海湾大厦总体平面

（一）建筑小品

由于建筑的需求，外环境中需设置一座垃圾房、一座油泵房和三处地下室的进排风口。由于它们体量较大（高度为2~4m），处理不当将对狭小的外环境造成很大的负面影响，也就成为外环境设计中需要面对的主要矛盾。设计者运用了以下几个方法进行解决。

（1）在风格、用材（花岗石与铝百叶窗）上力求与大楼相一致。

（2）化整为零，减小体量。尤其在对大楼北端入口处的进排风口的处理中，将其一分为二对称地设置于入口两侧，既减小了体量，又与入口对称的风格相统一。

（3）在垃圾房与东南角的进排风口的实墙面上精心设置了大厦的名称及标志，使其从外观上成为具有标识作用的建筑小品。

（4）通过增强细部处理，使所有这些小建筑既融于环境，又成为亲切、可供观赏的环境小品（图7-5-14、图7-5-15）。

图7-5-13　绿化用地

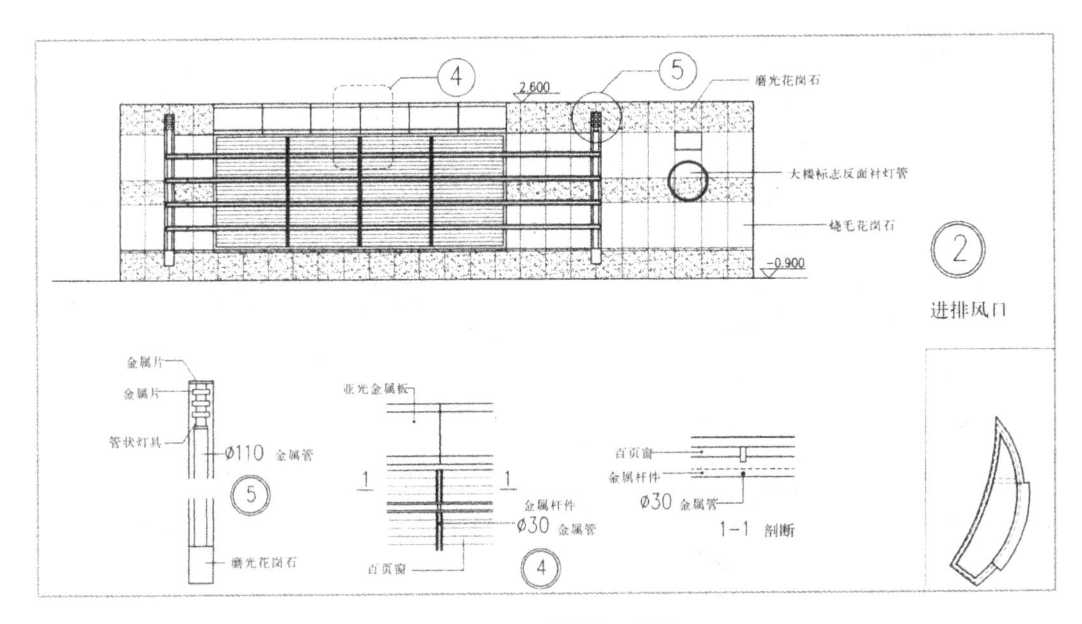

图7-5-14　室外风口详图

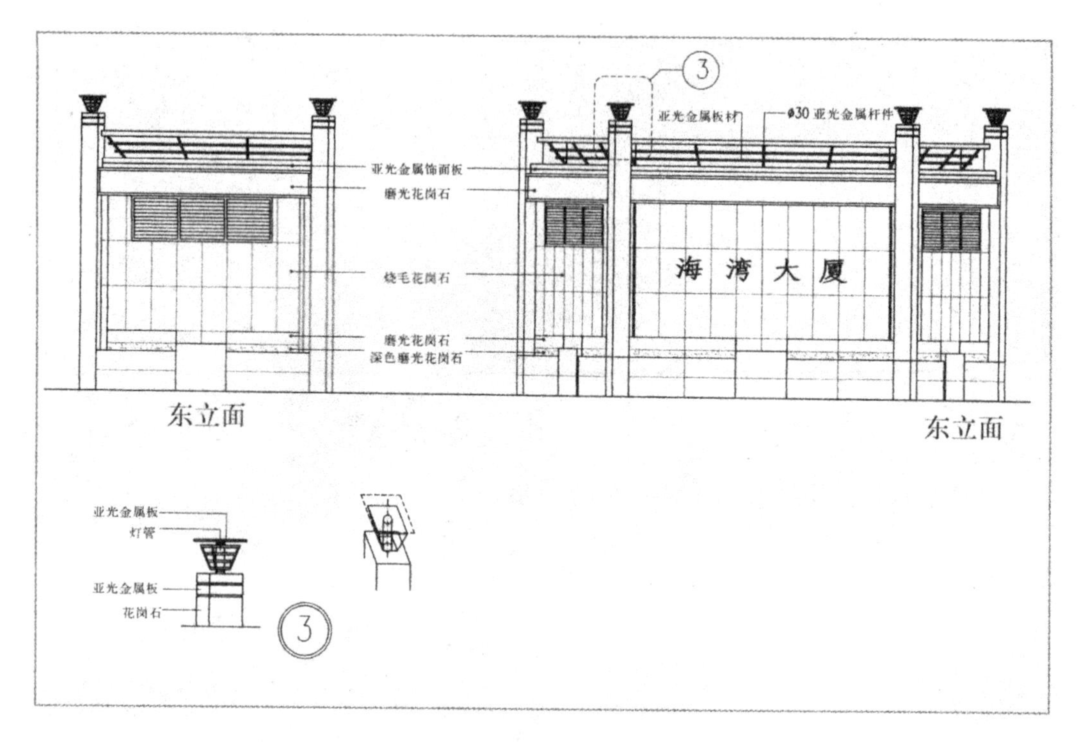

图7-5-15　室外设备用房详图

（二）铺地与绿化

办公楼的室外地坪统一采用两种色彩的广场砖进行图案铺贴，因为场地狭小，力求突出简洁明快的特征。

停车位均采用植草砖，并结合场地设计了草坡，使狭窄的绿地能够最大限度地为人所感受，加之局部精心的绿化设计，更为大厦的室外环境增添了几分绿意。

第八章　商业建筑外环境设计

现代人的生活离不开商品，与商业环境打交道的机会也越来越多。每个村镇都有集市，每个城市也都有繁荣化的商业街，那里是人们购置商品、休闲娱乐的场所，有机会来到异国他乡，游览完名胜古迹，山川景物之后，投入“商业环境”之中也是旅游的重要内容之一。所以商业环境类似于居住环境，是人们重要的生活场所。

商业环境中的外环境尤显重要。已有千年历史的市集、市街、庙会，都是以室外环境为载体而形成的商业环境。同时由于商业建筑所特有的“集聚效应”，商业建筑的聚集往往沿街道或广场而延伸、展开。这一特征在新建成的商业环境中仍十分明显。商业建筑的外环境设计方法及其特征的创造是本章论述的主要内容。

第一节　商业建筑外环境分类

商业建筑的外环境通常以开放性为特征，融合在城市环境之中。按商业建筑的聚合形态，可分为以下四种。

（1）点式商业建筑外环境。大中型百货商店，仓储商场等独立性商业建筑的外部环境属于此类。

（2）线型商业建筑外环境。建筑物的外环境沿线性流通空间排列，通常表现为商业街，如上海南京东路商业街，北京王府井商业街等等。

（3）面状商业建筑外环境。商业建筑围绕面状室外空间分布，表现为商业广场，如西安钟鼓楼广场。

（4）格网状商业建筑外环境。成片的商业建筑群沿二维线型空间或线、面空间发展构成网络而形成的商业建筑外环境的整体。一些超大型商品市场，以及上海豫园、南京夫子庙等传统商业区均属于此类。

第二节　商业建筑外环境的作用特点

商业建筑外环境的作用有三方面：联系建筑室内空间与公共街道空间，组织车流、人流的集散；营造商业特征环境气氛，吸引人们进入；提供人们室外商业活动、休闲娱乐活动的适宜环境。

深入探究下去，要使外环境良好地发挥这三方面作用却是件不简单的工作。这是由其环境特点决定的。

一、交通枢纽作用

随着商业建筑的巨型化，特别是一些大型商业中心的外部环境对于交通集散的方便快捷提出了更高的要求。其交通疏导的复杂程度也大大增加，建筑外环境所承担的交通压力十分明显。如图8-2-1所示，两个购物中心总平面上的建筑物被比其大得多的停车场紧紧包围。而更多位于市中心区室外空间面积有限的商业建筑往往也面临着同样巨大的压力。如何既满足车流到达和停放，又使步行者方便进入，是现代大型商业环境中必须解决的问题。

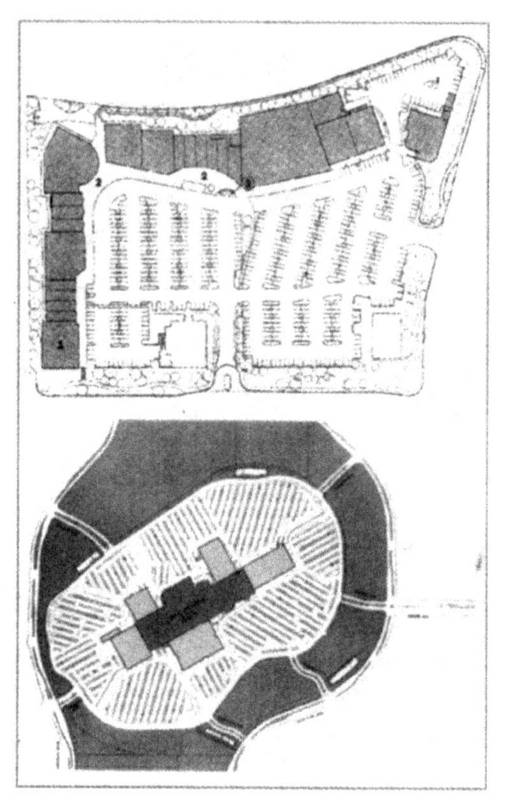

图8-2-1　购物中心停车场

二、巨型广告作用

把路人变为顾客是商家永恒的追求。将室外环境作为广告媒体，是增强吸引力的重要手段。舒适优美的环境，反映商店形象特色的新颖广告，醒目而便捷的入口，最终完成对行人的引导，是对外环境功能的统一要求。

三、游乐园地作用

现代商店不仅是商品买卖的场所，国外的一些大型购物中心已经将顾客称为“游客”，因为游客更能兴致勃勃地游遍那些巨型购物场所。而要把顾客变成游客就需要为顾客提供游园、游乐场、美食城等各类休闲场所。而对于商业街、商业广场而言，许多特色环境需要在外部空间中创造。此外，一些商业建筑环境已有向特色性、文化性方面发展的趋势，使其外环境更加丰富多彩（图8-2-2）。

第三节　商业建筑外环境的形态特征

一、平面形态

如前所述，商业建筑外环境的平面形态可分为“点”式、“线”型、“面”状、“格网”状四种基本形态。

图8-2-2　时尚岛广场活动

“点”式的建筑外环境平面形态为基地中外部环境围绕中心建筑布局，与建筑基地形态互为图底。

“线”型、“面”状、“格网”状的具体表现极为多样，下面所列的只是最常见的几类。如图8-3-1所示。

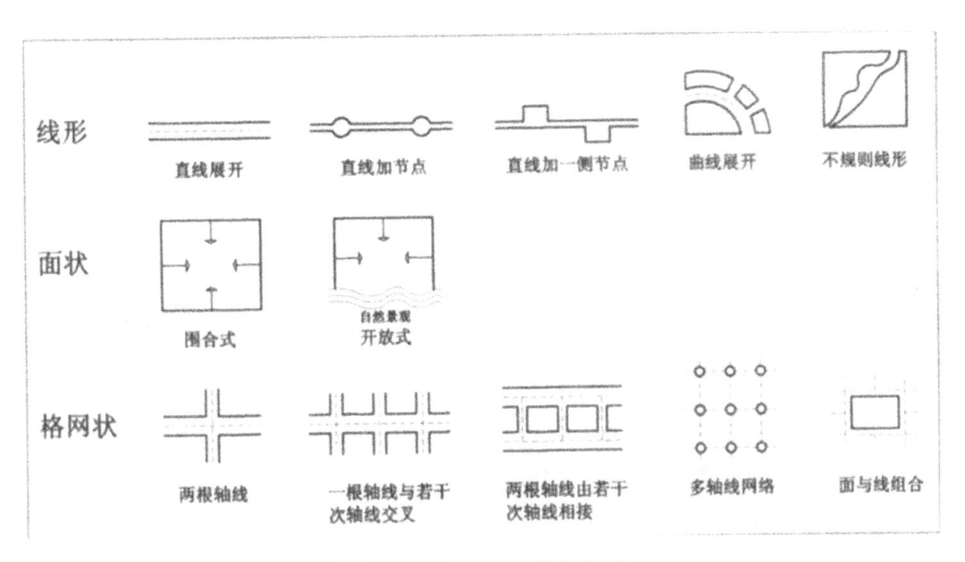

图8-3-1 平面形态常见类型

平面形态设计中需要考虑人体尺度及线型空间长度限制等因素。如人在商业建筑外环境中步行长度为150~350m为适宜，英国著名购物中心研究专家Nadine Beddington也指出步行道的高潮点或停顿点（广场等节点）之间的最大距离为200m。同时线型与节点或线、面结合的外部环境，其空间对比可产生强烈张力，节点的合理布局与设计能使空间序列性、节奏感得到充分展示。又如人眼在20~25m视距范围内可看清建筑立面细部及店招，在小型“面”状室外空间的设计中应考虑对面商店招牌的可视性，大型广场也需注意室外环境的亲切度以及人们穿行其中的舒适度。

“格网”状形态外部应注重节点设计，避免单调重复，方位感差，无标识的设计。同时通过线型与线型，线型与节点，线型与面的平面形态对比，创造富有张力的弹性空间。

二、空间形态

（一）建筑外环境空间形态的影响因素

建筑外环境空间形态取决于平面和剖面形态，也受到围护空间的商业建筑的影响。

1. 单体建筑与周边外环境

单体建筑与周边外环境共有九种形态，如图8-3-2所示。

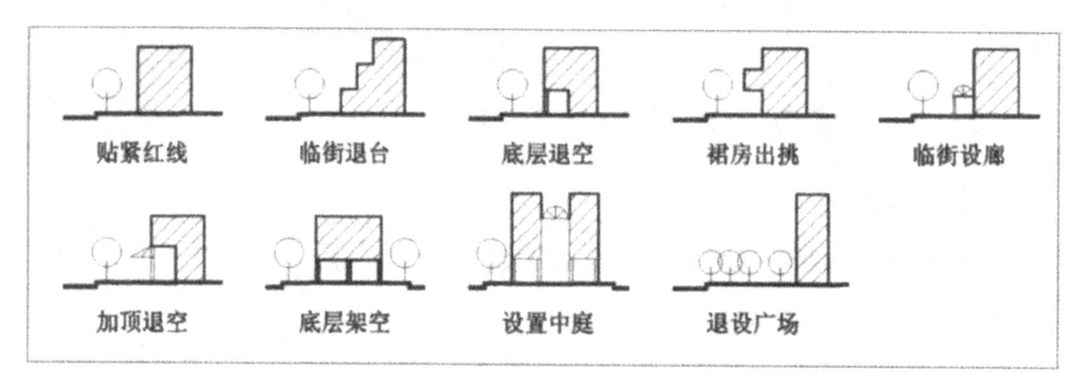

图8-3-2　单体建筑外环境形态

2. 建筑围护形成的外环境

商业外环境与围护它的建筑单体界面的形式有着密切的关系，以下是几种常见的建筑处理方法与之形成的外环境空间。如图8-3-3所示。

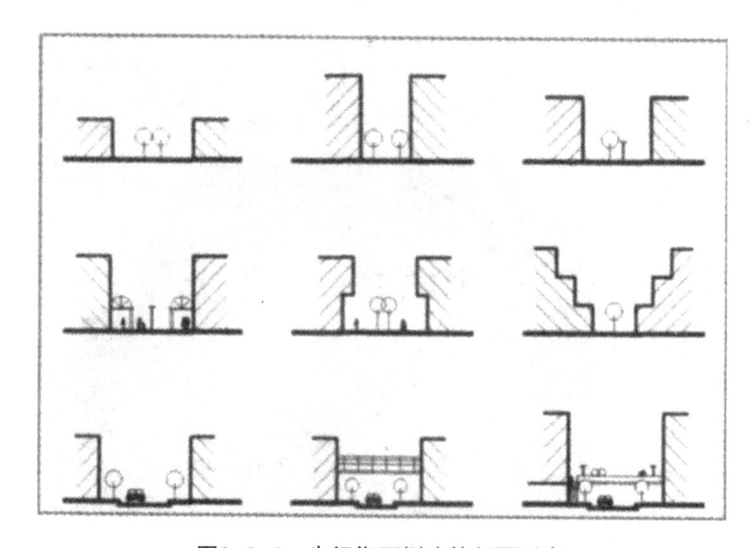

图8-3-3　步行街两侧建筑剖面形态

（二）街道空间限定与划分标准

D/W与D/H。芦原义信曾以空间的三项尺度及其比例关系来描述街道空间限定与划分标准，即街体宽度，街体两侧建筑物的高度和临街商店的面宽。

D——水平通道的宽度。

H——侧界面高度。

W——独立性功能空间单元的面宽。

当D/W≤1时，易形成节奏感，产生舒适的动感。

当D/H<1时，水平通道的风格、气氛和韵律美会因D，W值的变化而有所不同。

当D/H<1，D/W≈1时，易产生古典式构图和韵律的统一美；D/W≈0.6时，易产生热闹的传统商业街气氛和强烈的节奏感。

除以上提到的建筑与室外空间的形态和尺度上的联系，建筑的立面材质选择也在一定程度上影响着室外环境的空间，尤其是接近人的尺度的部分。采用实体墙面与透明玻璃墙面对外部环境的空间效果有着不同的作用。如图8-3-4所示。

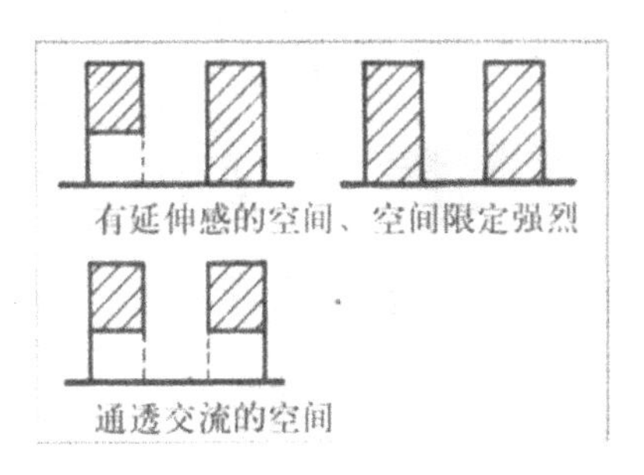

图8-3-4　玻璃、墙面与空间围护

第四节　商业建筑外环境中的要素

一、商业外环境中的基面要素

一般情况下，商业建筑外环境中的各类路面、广场、绿地、水面、停车场地等等均属环境基面要素。它们从平面上完成室外环境界定，同时这种要素的构思与设计也为外环境的舒适性，景观效果以及各种功能的满足起到重要的作用，如步行道的铺地设计、绿地、水环境的设计与布局等等。

二、商业外环境中的围护面要素

作为从三维空间限定外环境的要素，建筑物立面细部设计、广告招牌、遮阳凉篷、橱窗、隔离带等均属于围护面要素。外环境界面的通透或封闭、橱窗的形式、广告牌种类及悬挂方式、色彩等，对于商业建筑外部环境的构成将产生重要影响。

三、环境设施要素

与其他类型的建筑外环境相似，商业建筑外环境中必不可少一些设施要素，具体如下。

（1）信息类——电话亭、路标、方位牌、导购图、报时钟各类独立设置的广告，

图8-4-1 商店招示

等等（图8-4-1）。

（2）休闲类——座椅、圆凳。

（3）卫生类——烟蒂箱、废物箱、公共厕所、饮水器、洗手器。

（4）照明类——路灯、街道艺术灯具、庭园绿化灯具等。

诸多环境设施要素的核心在于，服务人们在商业外环境中的各类需求，并营造具有强烈商业环境场所特征，引人入胜的环境氛围，同时也是现代商业文明的物化表现。

第五节 典型实例赏析

一、上海新世纪商厦

上海新世纪商厦位于浦东新区张杨路商业中心西南，张杨路商业中心用地面积13.8ha^2，总建筑面积8万m^2，由20余幢各类大型公共建筑及围合而成的长圆形广场组成。广场周边布置有商业步行廊，将这些建筑连接起来，形成内向型商业花园。新世纪商厦所在的位置是商业中心最重要地段，即浦东南路与张杨路交叉口作为总建筑面积14. 48万m^{2}的大型百货店，其内部不采用常见的中庭，而是将大空间设计建筑正面入口处，以一片26m高网弧形带12个网拱门洞的墙体形成围合面。建筑主体后退，其间形成一个内外流通，半封闭型的建筑广场，简洁而富有韵律，通过拱形门洞可以透视商店内部五光十色的景象。在日光照射下，玻璃天棚、在弧形墙面、柱面上投下斑斑光影、颇有韵律感。在特定的节假日或促销活动期间，广场空间内还设有许多售货小车、冷饮店、咖啡座等等，一番生气勃勃的热闹景象，同时也起到了吸引路人进入商店内部的作用（图8-5-1~图8-5-3）。

广场与室外弧形台阶、弧形花坛护墙等构成由道路进入建筑物过程中两个层次的外部空间，形成公共环境与室内空间的过渡和引导，对于营造良好的商业氛围也起到了应有的作用。

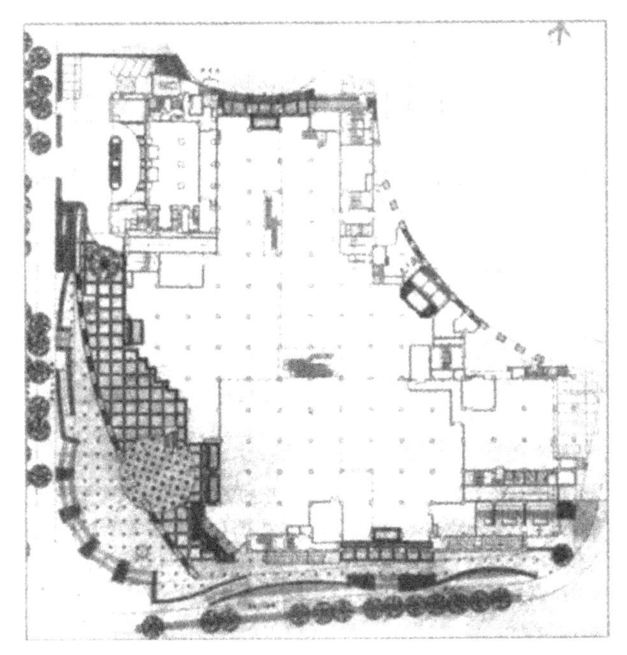

图8-5-1　新世纪商厦平面

图8-5-2　拱廊内景

图8-5-3　新世纪商城庭院内景

商厦东侧入口处的外部空间，与张杨路商业中心内部广场相连。该广场由直线与圆弧曲线构成长圆形空间，周围有建筑环绕，一条辅助道路穿越其中。广场以一组水池、廊架的景物为中心，设有圆形广场，各类花坛、草坪，与周边建筑相接处均设有架空门廊，形成入口空间。进入广场的地带地面局部抬高，两侧设浮雕墙、水景、座椅、花坛等。如果说新世纪商厦前广场是热闹的引导空间，那么商业中心广场应是供游人休憩的休闲空间。然而由于对游人活动参与性考虑不足，或者说广场的设施、布局与其应有的功能作用不相符合，该广场显得缺乏生气和活力，即便在节假日期间，广场里的游人也寥寥无几，可见其空间的凝聚力不足。如果广场的规划设计充分考虑游人的空间使用需要，并与周边商业建筑功能密切结合起来，那么它将具有独特魅力（图8-5-4）。

图8-5-4　圆形广场灯柱

二、日本福冈博多水城

位于日本九州西海岸的福冈市，自古以来是重要的国际港口。其地理位置优越，经济、文化深受中西方的外来影响，曾是日本历史上最开放的城市。近代日本的飞速发展使其更具国际化特征。博多水城面临穿过福冈市内的那珂河，位置优越、交通便捷，是近年来开发的多功能超大型工程，综合商业、娱乐、餐饮、办公、旅馆等多种功能，以“一个在都市发展方面焕然一新的概念，使福冈的理念与活力在都市景观塑造上更具人格化”为设计理念，以“人”为考虑主体，创造一种与其文化、历史、自然和谐相处，并向人们传递现代生活体验的优质环境。

由于福冈市多水的特点，综合体的布局以“水街”为轴曲折展开。一条人工开发的运河（较地面低一层）与一条主街为中枢系统安排商店，组织人流形成立体混合的格局，在空间组织中以水平向划分与竖直向叠加相结合，形成丰富多彩的环境空间。滨水岸线柔和曲折的不规则处理，精心设计的铺地、座椅、喷泉、雕塑，可供水上表演的景观场所以及丰富绚丽的色彩等等，无不使环境空间生机勃勃，充满乐趣（图8-5-5、图8-5-6）。

在所采用的材料上，博多水城的设计注重自然的特点。其基座部分采用石材，建筑立面由低于街道的河面逐层向上，以不同色质的石材砌成断层形式，象征河流对大地经年累月的冲刷而形成的景观。立面部位逐渐升高，石材的色彩更趋于明快，象征时代的

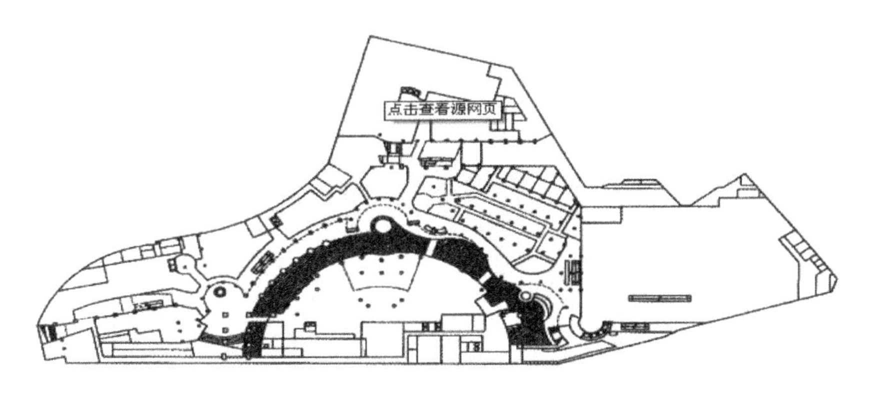

图8-5-5　博多水城平面

图8-5-6　福冈博多水城一角

发展和成长。墙面色调亦与传统日本建筑色调相仿，以暖土色为主调，以其获得原住居民的认同感。

博多水城的设计首先强调的是人，然后才是商业。一个美观舒适的环境令人愉快，促进人的交往，与充斥直接的商业目的的设计相比，这一理念更加成功地实现了商业和开发商的经济利益。在开业之初的八个月内，博多水城就接待了1.2亿来访者，这一工程的建成，对于日本乃至亚洲今后类似的商业环境将是一个良好的范例。

三、美国圣地亚哥荷顿广场

建于20世纪80年代美国圣地亚哥市的荷顿广场购物中心，是在政府鼓励建设、改造更新市中心地区的背景下建成的新型商业区，以其生气勃勃的建筑群体和丰富的环境空间，五彩缤纷，充满节日气氛的环境设计而闻名。荷顿广场的平面设计完全打破了原来九个矩形街区的单调格网图形，以一条由两条圆弧曲线构成的“S”形街道与一条直线街道交织着沿基地对角线斜穿地块，从而形成一个富有动感的开放空间（图8-5-7）。

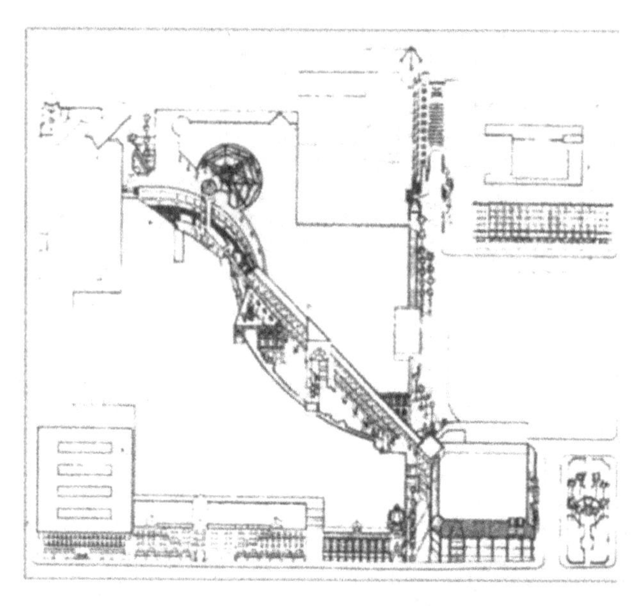

图8-5-7　荷顿广场平面图

从圣地亚哥市的大环境看，这条斜线街道正是该市通向海边的一条不规则道路空间的延伸，与城市现存路网的配合和谐自然。斜向步行道路沿地形坡度布置，采用两个弧形空间相衔接的形式，建筑立面细节设计及空间处理方式吸收了意大利传统风格精华，步行道路空间层次丰富、节奏韵律感强、气氛热烈。广场位于高于地面一层的平面上，突出了地面特征，增加广场空间的立体感。各种楼梯、自动扶梯、坡道、天桥、回廊，使整个广场充满了热闹的节日气氛，并使游人可以通过多种高度、位置上的视点俯视、眺望、欣赏流动、活跃的广场环境，并充分感受置身其中的无穷乐趣（图8-5-8）。

图8-5-8　广场内部

荷顿广场设计成功的关键在于将它作为城市中一个具有特色的地区，而不仅是独立的工程。设计者意欲创造一种形式，使来自不同文化、不同阶层的人们能聚集在这里，交流情感，休闲娱乐。顾客或者说是游客可以在这里待上一整天，犹如中世纪欧洲城市的广场，人们乐于来到这里感受其丰富文化气息，增加人与人之间的亲切感（图8-5-9）。

图8-5-9　广场外部

该商业中心建成后，每年都能吸引1500万到2500万游人到此，使圣地亚哥市衰败的城市中心区面貌大为改观，也进一步显示了一个成功的商业环境对于现代人产生的极大吸引力。

第九章　纪念性建筑外环境设计

在建筑设计的范畴中，纪念性建筑是数量较少的一个门类。但其外环境设计难度却较大，这是因为纪念环境所独有的特征性和功能性往往需要在外环境的设计中得到良好的体现。

第一节　纪念性建筑外环境的分类

纪念性建筑外环境可分为公共性环境和独立性环境两类。

一、公共性纪念建筑外环境

纪念性建筑常设置在公共广场、道路之中，而广场与道路的一部分甚至整体也就成为其外部环境。这时如何选择恰当的设置位置成为一个关键的问题。

对于“线状”公共环境，如道路，常将纪念性建筑设于它的一侧、端头、交叉口等位置。而在“面”状的场地，如广场绿地和水面的一侧或中央都是适宜的位置。纪念性建筑对周围的公共环境具有一定的空间占据力，而人们也可通过在公共空间中的行进，由不同角度对纪念性建筑进行瞻仰。

我们熟悉的平壤千里马纪念碑位于七星门大街转角的一个山岭上，驾车人由远而近，完成了在纪念碑外环境中的空间行进。莫斯科的列宁墓位于红场一侧克林姆林宫的院墙边，在红场中可以通过各个视角来瞻仰这座暗红色的陵墓建筑。巴黎的雄狮凯旋门（图9–1–1）位于十二条大街交汇的星形广场中央，可以说其外环境兼具“线”与“面”两类空间特征，具有更强的空间辐射力。这类公共性环境中的纪念建筑由于位于人流聚集的环境中，易于成为区域甚至城市的标志，为区域及城市增添浓郁的历史氛围。

二、独立性纪念建筑外环境

一些纪念性建筑群有独立的场地。在城市环境中它往往处于围合的空间中，如上海龙华烈士陵园、绍兴鲁迅故居等。而在自然环境中则开辟一组与自然环境相对的人工环境以供纪念活动使用，如中山陵、雨花台等。这类建筑环境一般由一组建筑及其外部环境共同形成，是独立于周围环境的闭合环境，易于设定参观流线，形成完整的空间序列，从而创造浓郁的环境氛围。

图9-1-1　巴黎雄狮凯旋门

第二节　纪念性建筑外环境的功能

纪念性建筑及其外环境最根本的功能就是纪念。人类的情感之中总有一些事、一些人需要纪念。但历史上通常只有统治（领导）阶层的重要人物、重大事件才会以建筑的形式来纪念，以流传后世。所以，历史长河中积淀下来的纪念性建筑从西方金字塔、方尖碑、凯旋门，到我国古代的陵、阙（图9-2-1）、碑、牌大都属于此类。到了近代，纪念建筑的主题有所扩展。一些对人类文明史上具有较大意义的人物、事件都值得去缅怀、歌颂以教育自身、激励后人。特别是在一些历史文化名城，如北京、华盛顿、巴黎、莫斯科、罗马等地，纪念性建筑及其环境已成为重要的人文景观，甚至作为城市的标志在城市环境中发挥着巨大的作用。

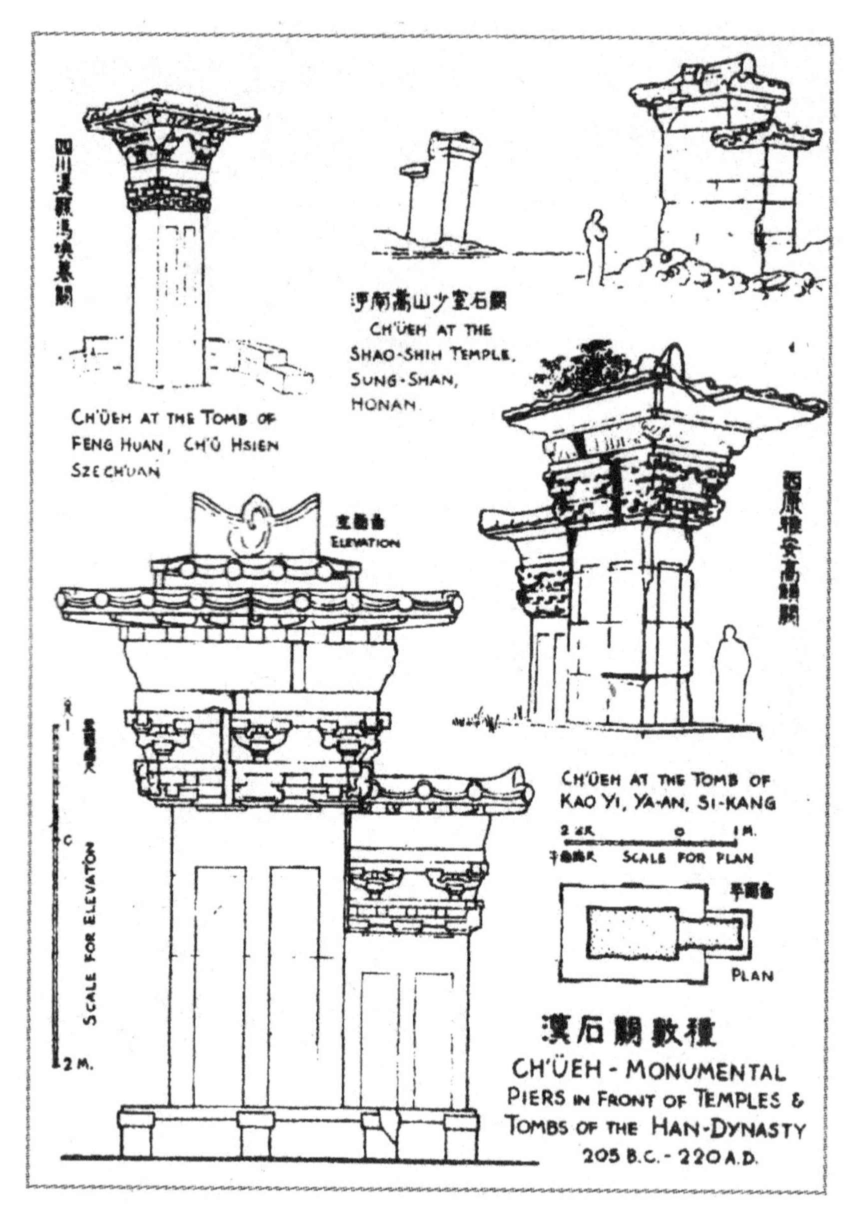

图9–2–1　汉阙

纪念环境的功能性在很火程度上需要在其外环境中得到体现。这是因为纪念性建筑的内部功能往往十分单纯，其外部环境也是人们重要的使用空间。一些纪念园、纪念广场等都以外部环境为主，而纪念堂、故居虽然以室内展示为主要内容，但外环境作为进入建筑前的过渡空间，其引导行为、烘托氛围、提示主题的作用依然不可缺少。

纪念性建筑外环境的功能主要有几个方面：一是展示作用，即可展示主题又可对环境中的主景进行衬托；二是引导作用，包括对人的参观行为和心理的指引与暗示。此外，纪念性建筑外环境还常为参观者和公众提供休憩和活动的场所。

第三节　纪念性建筑外环境的环境构架

不同于一般依据环境构架进行设计的建筑外环境，纪念性建筑由于其特殊性往往有机会寻求适宜的环境构架来营造特定的环境氛围。

2000多年前的秦始皇，为了使其陵墓能显示身前的荣耀，动用了几十万民工，历经数十年才告完工。但因为采用筑土造陵的方法，陵墓经过岁月洗刷由最初的一百多米降至四十多米。汉朝以后的各代皇帝转而采用"依山建陵"的聪明方法，利用山这类特殊的环境构架，创造雄伟、庄严的纪念环境。唐乾陵、昭陵、明十三陵等是其中卓越的实例。即使到了现代，依旧采用这个方法成功地建造了中山陵。其他的各类纪念性建筑，选址也很重要。有一片傍水依山，景致秀美的基地能为纪念环境的成功创造良好的条件。以上表述的是对自然环境构架的运用。

城市中更多的是选择理想的人工构架。在北京，人民英雄纪念碑、毛主席纪念堂坐落于天安门广场，且位于著名的旧城中轴线上。而在平壤，人民军烈士纪念碑、主体塔、解放纪念碑、千里马铜像、凯旋门、友谊塔等纪念性建筑。贯穿胜利大街、七星门大街周围，构成了壮丽的纪念性景观。正因为这些建筑与城市主要空间轴线，著名广场、街道、景点寻求了相互的对应关系，并利用这些环境构架作为参观流线，才使这些建筑非比寻常，成为城市的标志。

除此以外，另一种对环境构架的运用方法是寻求与历史环境相一致的环境构架，使环境得以"复原"。许多纪念性建筑建于原址，另一些选址于原址的"赝品"之上，这是因为在相似的环境构架中易于创造与所纪念人物、事件发生地相仿的环境、场景，使参观者更真切地感受环境独有的氛围。

第四节　环境要素在纪念性建筑外环境中的应用

在纪念性建筑外环境中，环境要素有几类特殊的应用，具体如下。

一、衬托主体

作为纪念主体的建筑、雕塑等都需要一系列环境要素的衬托，才能达到更好的展示效果。一方面要求这类主体的形象独立而鲜明，与周围环境要素掺杂在一起不利于其主题的表达；另一方面其形象又需要"前景"、"背景"来映衬。在设计中，低矮的绿化、小品、水池等可以用来充当前景，而茂密的树林，整体的建筑，湛蓝的天空则是理想的背景。前景与背景的处理必须统一有序，以免喧宾夺主。以广场为例，当纪念性建筑设于中央时，当其达到一定的高度，借用天空作背景是非常理想的；而当偏于一侧时，希望能与作为背景的建筑在体量、色彩、形态等方面对比统一，使形象突出。

二、展现主题

一部分环境要素本身就是构成主题的重要组成。一些建筑、独立围护面，雕塑都用各自的语言来表达主题。譬如建筑，有一种表达手法是运用建筑构件的个数，形态等与主题关联。20世纪70年代建造的毛主席纪念堂，在其高度、宽度及细部尺寸的设计中，通过具体数字的运用表达特定的涵义。这种设计方法也可在1000多年前唐乾陵的设计中见到。而国外的一些纪念碑、塔也有运用此类方法的实例。但机械地运用这类设计方法的例子也有很多。南京梅园新村纪念馆采用的是形态展现的方法，以梅花图案的花格装饰墙面既点出梅园新村地点，又使人联想到生前喜爱梅花的周总理，同时暗示总理等当时在梅园新村工作的共产党人的品格（图9-4-1）。

图9-4-1　梅花浮雕图案

而当纪念性建筑内部功能有限，甚至并无室内展示要求时，建筑主体抽象为纪念碑、纪功柱、纪念塔、大型雕塑等，这时其对主题的展现就更为直接（图9-4-2）。此外，也可通过在室外独立墙面上设置图片、文字、浮雕（图9-4-3）以及运用一些小品雕塑的方法来展现纪念主题。

图9-4-2　新建彼得大帝铜像

三、创造氛围

通过环境要素的设计可以对参观者的心理产生预期的影响。方法之一是象征手法的运用。以要素的特征来暗示纪念主题中的人、事和场景，使参观者沉浸于特定的环境氛围之中。南京大屠杀纪念馆中设计了卵石广场，以白茫茫的卵石象征在日军“三光”政策后寸草不生的惨景。古巴吉隆滩战斗设计方案国际竞赛的优胜方案则通过一组海中的沉礁来象征敌人节节败退、仓皇逃遁（图9-4-4）。以遍种松兰梅竹来比喻人的高风亮节的例子，更是不胜枚举。

图9-4-3　遵义会议场景浮雕

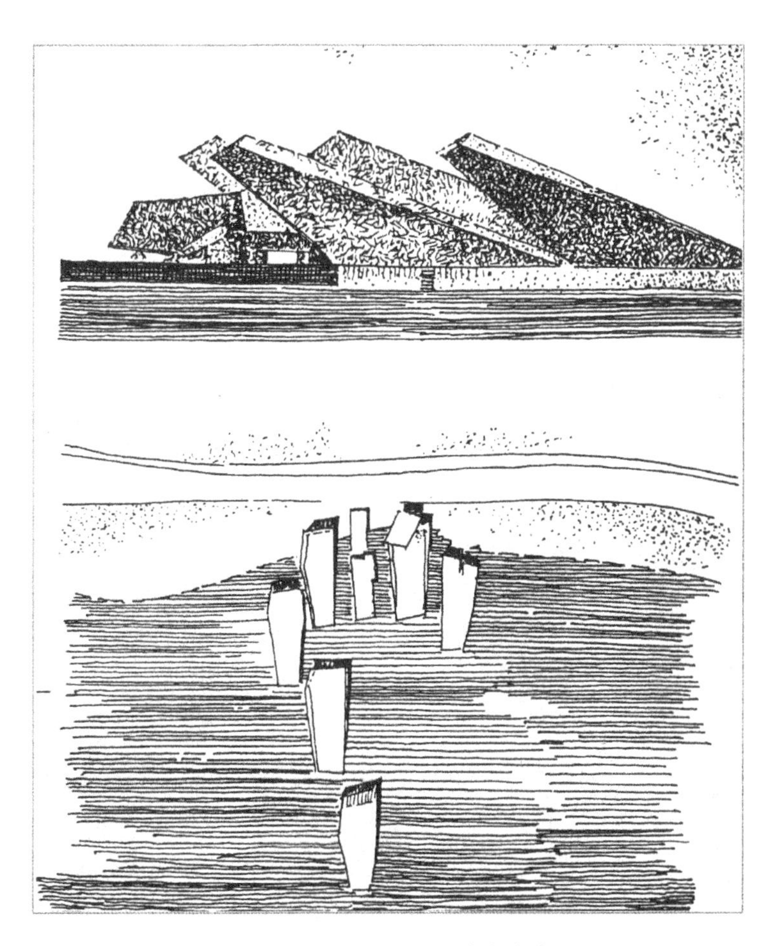

图9-4-4　古巴吉隆滩竞赛方案

方法之二是创造特定的空间感染来作用于参观者。这是因为不同高低、宽窄的空间能带给人以不同的空间感受。意大利福斯·爱德纪念地是纪念在一次世界大战中的牺牲者。设计者在墓地上覆盖一个庞大的方形盖子，人们瞻仰墓地须进入盖子底。昏暗而又让人压抑的空间，使人感受到死者的痛苦（图9-4-5）。而同样展现生与死的题材，另一处为10万名一次大战的阵亡者所设的纪念墓地中，则设计了一组百余米宽的大台阶，每一个台阶上都刻有死者的姓名。大台阶在宽阔处缓缓地展开，宽广的空间让人感到无边无际的悲哀。环境要素构成的空间无论狭窄还是宽阔，通达还是曲折都将在参观者心中产生一定的感受。当这种感受与纪念主体相吻合时，就能有助于环境氛围的创造。

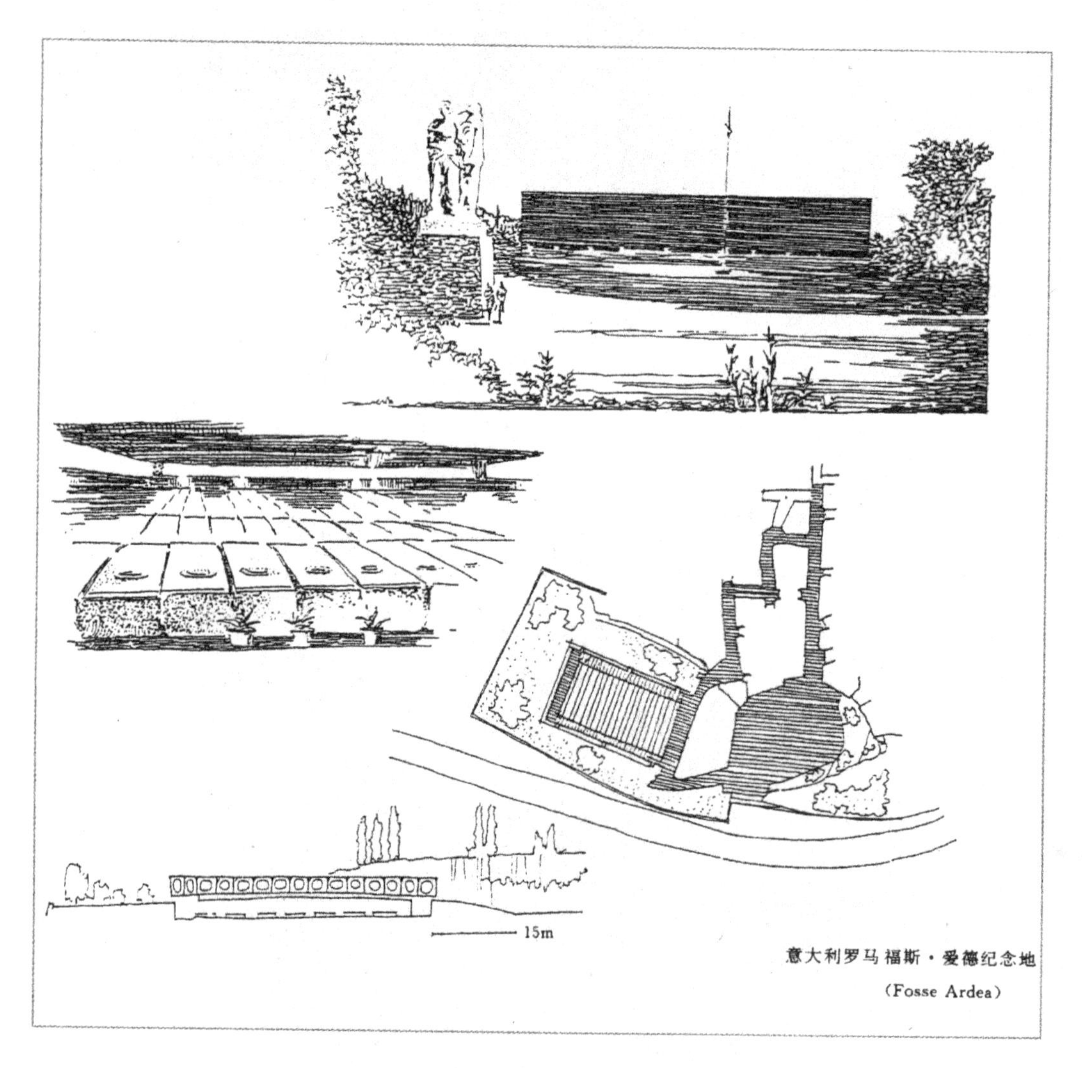

图9-4-5 意大利罗马福斯·爱德纪念地

由此可见，在纪念性建筑的外环境中，一切基面、围护面要素以及设施小品要素，只有通过精心编排都能为展现主题、衬托主体、限定界域、创造氛围等方面起到突出的作用。

四、限定界域

限定界域这是对参观者行为的设计。通过对参观者行为的引导可使其流线与设计相符，达到预期的展示效果。同时，通过协调观者与展品的空间关系可使观看的视觉质量达到最佳。

界域的区分可以通过各种围合、设置、基面变化的方法来实现。其中，绿地和水池的设置既不遮挡视线，又可对人的观看位置进行规范，是理想的区分界域的方法。如在某陵园的入口设有一汪池水，使跨桥而入的人感受到纪念领域的到达，而设于纪念主体周围的水面又界定了一个崇高、非世俗的界域，加强了环境氛围的感染力。

第五节 典型实例赏析

一、甲午海战馆

甲午海战馆建于山东威海市刘公岛南端。为纪念中国近代史上最屈辱也最悲壮的海战而于1995年建成。

甲午海战馆辟有独立基地，但因其狭小只是由雕塑感很强的大门引入，经过一条短小弯曲的小道，走上斜向的台阶即进入纪念馆室内（图9-5-1）。室外环境并无展示功能，布置也简单，但依然非常感人。这是因为建筑师在对这一以建筑为主体的纪念环境的设计中，抓住了以下几个环节进行了深邃而精湛的设计从而达到了“联系历史上某人某事，把消息传到群众，俾使铭刻于心，永志不忘”的作用。

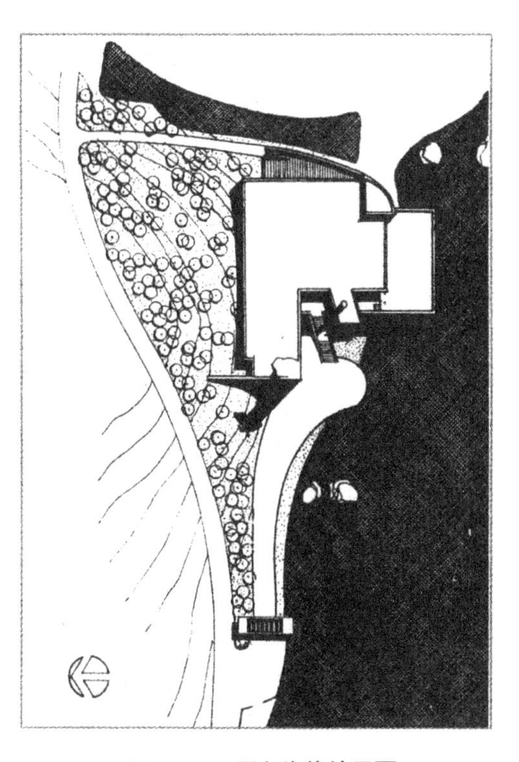

图9-5-1 甲午海战馆平面

（1）选址。甲午海战馆的独特位置无疑是环境具有感染力的重要因素。既与海战海域临近，又与威海市中心遥遥相对，是乘船往来的人们的视觉焦点，且基地突出于海面，环境蔚为壮观。

（2）雕塑与建筑。雕塑具有展示纪念主题的作用，建筑师将一尊高度近15米的巨型雕像与建筑融为一体，使整个环境具有极强的叙事性（图9-5-2）。这种雕塑与建筑浑然一体的造型方法具有相当难度，对于纪念环境又是非常贴切。这既是建筑师的首

图9-5-2　雕像与建筑的结合

创，又是建筑师多年来在纪念性建筑环境设计中，孜孜不倦探求的结果。

（3）象征手法的运用。以象征手法对建筑及环境要素进行造型设计，是甲午海战馆设计的特点之一。以相互冲撞、穿插的体块，以及出挑的平台象征撞击的战舰（图9-5-3）；以残缺的大门，建筑平台上向上延伸的圆柱给人以沉船、折断的桅杆的暗示，等等（图9-5-4）。

巧妙的选址，雕塑与建筑的融合以及象征手法的运用，结果是为参观者在原址边概括、抽象地再现一百年前惨烈的一幕，使纪念主题得到了很好的阐明，也使环境具有极强的感染力。

图9-5-3　以相互冲撞、穿插的体块，以及出挑的平台象征撞击的战舰

图9-5-4　甲午海战馆

二、侵华日军南京大屠杀遇难同胞纪念馆

侵华日军南京大屠杀遇难同胞纪念馆，是为纪录1937年日军屠杀我南京同胞计30万人这惨绝人寰的历史事件而建。馆址设于当年尸骨掩埋地之一——江东门。由著名建筑师齐康城等设计，并于1985年8月，中国人民抗日战争胜利40周年纪念日落成。

作为建筑于独立基地之上，纪念特定历史事件的纪念馆，建筑师通过对环境要素及空间的设计，表现出一种对国破家亡的压抑、沉痛，对侵略者兽行的无比激愤的情感（图9-5-5）

图9-5-5　南京大屠杀纪念馆三十万纪念雕塑

纪念馆的参观流线安排如下（图9-5-6）：①入口，面对几片高低错落的大墙，上面题有馆名和“遇难者300000”等字样（图9-5-7）；②登上台阶，折行到达至高点（纪念馆屋顶）俯瞰全园。③沿着十三块纪念石及浮雕墙面，围绕矩形卵石广场行进，到达广场对角的半地下的尸骨室（图9-5-8）；④拾级而上完成绕卵石广场一周到达主纪念馆。

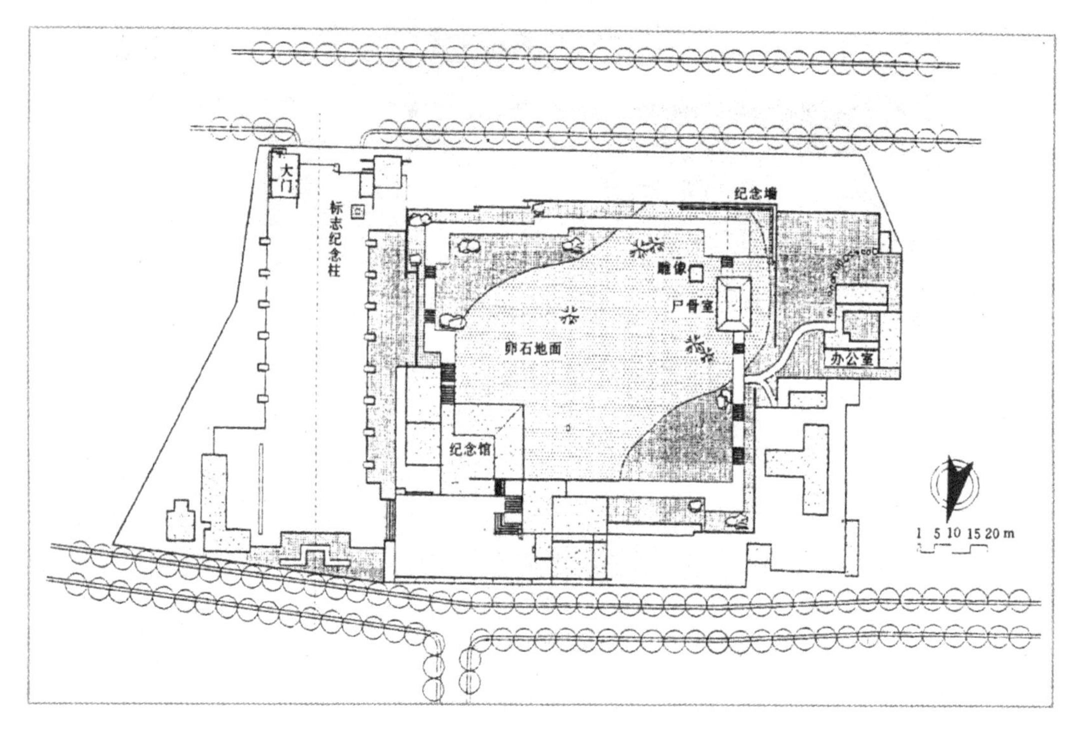

图9-5-6　纪念馆平面图

图9-5-7　纪念堂入口

图9-5-8　卵石广场与尸骨陈列室

在纪念馆的外环境设计中，有以下几个显著的特点。

（1）要素设计。地面：作为室外主景的卵石广场完全以卵石覆盖形成（图9-5-9），给人以寸草不生的荒凉感。配合主雕像——寻找遇害子女的母亲像，创造出事件之后的悲剧场景。墙面：以一组浮雕展现国破家亡后惨遭杀害、凌辱的群像，既展现了主题又在向尸骨室行进道路中创造了沉痛、压抑、愤怒的悲剧氛围。

图9-5-9　卵石广场

（2）空间设计。空间起伏：从入口上台阶到达馆顶，下到卵石广场，再往下进入尸骨室，向上到达主纪念馆。参观流线的起伏带给人界域的变化感和思绪与情感的跌宕。空间的放与收：从入口进入，在大墙而包围之中到屋顶——空间收。上到屋顶一览全景——空间放。进尸骨室前的小道虽然只有一面有围墙，但其空间也是一个逐渐收缩的过程。因为人的活动界域只局限在小道上。而视线也缓慢地在浮雕与纪念石上移动，转折、向下进入尸骨室空间进一步收缩。出尸骨室走出地面空间才又一次开阔起来。在空间的变幻中，参观者对眼前所见进一步关注，也深受感染。

三、越南阵亡纪念碑

著名的华盛顿越南阵亡纪念碑，是依据战后的一次大规模的设计竞争的获奖方案而建成的。当时共征得1421人递交的方案，最后美籍华人林樱的方案获得了头奖。纪念碑为建下坡地之中的黑色花岗石墙体，先是缓慢地向低处绵延近70米，碑体也逐渐升高，到达最低处转折125°后再向高处继续延伸70米左右。碑体呈V字形，按照字母顺序刻列57939位阵亡将士的姓名（图9-5-10）。纪念碑及其环境设计得非常洗练，受到了广泛的赞誉，被认为是20世纪最杰出的纪念性建筑之一。

图9-5-10　阵亡将士的姓名墙

其环境设计主要有以下特点。

（1）场所的创造。纪念碑建在一大片绿地之中，营造空间的要素只有两片墙体和地面的铺地，但却设计得非常巧妙。首先看墙体，一开始墙体的背景是青青的草坡，随着人向着低处走去，墙体慢慢长高，遮挡了人的视线，使人们直接面对碑体，完全沉浸于黑色磨光花岗岩构成的环境之中，为5万多个阵亡将士的姓名所包围。这时环境营造的肃穆、深沉、悲伤的氛围与纪念主题是非常吻合的。当人们逐渐沿着墙体走回地面再次看到青青的草坡时，整个纪念的程序走向尾声，参观者的心绪也从激荡趋向平和（图9-5-11）。

图9-5-11　写实雕像

V字形的碑体分别指向林肯纪念堂和华盛顿纪念碑，通过“借景”让人们时时感受到阵亡将士纪念碑与这两座象征国家的纪念建筑之间密切的联系。后者在天空的映衬下显得高耸又端庄。前者则伸入大地之中绵延而哀伤，场所的寓意十分贴切、深刻。

铺地的材料主要有两种，中间是光滑的花岗石板，两侧则用块石铺就，为往来穿行者与凝神瞻仰者创造了各自的领域。

（2）人的行为与环境。许多人认为林樱的设计是极少主义的体现。设计师之所以将环境作如此洗炼的处理是因为她将参观者的行为与环境进行了有机结合。无数的参观者以各自的行为、表情、心绪为简洁的环境创造了最大的丰富性，一些人抚摸着亲友的姓名，有的还用纸条磨印出、拓痕带回家纪念……而如镜的黑色花岗石更是将这一切映照于其上，将神态各异的人们与阵亡的故人的姓名联系在一起（图9-5-12）。

图9-5-12　人们的纪念行为

参考文献

［1］王东辉等. 室内环境设计［M］. 北京：中国轻工业出版社，2013.

［2］李瑞君等. 室内设计原理［M］. 北京：中国青年出版社，2013.

［3］孟钺，范涛. 室内设计［M］. 北京：化学工业出版社，2012.

［4］马澜. 室内设计［M］. 北京：清华大学出版社，2012.

［5］陈岩. 室内设计［M］. 北京：中国水利水电出版社，2014.

［6］陈小春. 室内设计常用资料集［M］. 北京：化学工业出版社，2014.

［7］理想・宅. 室内设计风格定位速查［M］. 北京：化学工业出版社，2016.

［8］王东.室内设计师职业技能实训手册［M］. 北京：人民邮电出版社，2015.

［9］刘旭.图解室内设计分析［M］.北京：中国建筑工业出版社，2014.

［10］杜雪，甘露，张卫亮. 室内设计原理［M］. 上海：上海人民美术出版社，2014.

［11］梁昱，胡筱蕾. 室内设计原理（新一版）［M］. 上海：上海人民美术出版社，2013.

［12］王守富，张莹. 室外环境设计［M］.重庆：重庆大学出版社，2015.

［13］李振煜. 景观设计基础［M］. 北京：北京大学出版社，2014.

［14］曹瑞林. 环境艺术设计02景观设计［M］. 郑州：河南大学出版社，2011.

［15］刘永福. 景观设计与实训［M］. 沈阳：辽宁美术出版社，2011.

［16］矫克华. 现代景观设计艺术［M］. 成都：西南交通大学出版社，2012.

［17］王衍用，宋子千，秦岩. 旅游景区项目策划［M］. 北京：中国旅游出版社，2012.

［18］杨潇雨. 室外环境景观设计［M］. 上海：上海人民美术出版社，2011.

［19］黄春华. 环境景观设计原理［M］. 长沙：湖南大学出版社，2010.

［20］马克辛，卞宏旭. 景观设计教学［M］. 沈阳：辽宁美术出版社，2008.

［21］大师系列丛书编辑部. 图解当代欧洲建筑大师2［M］. 长沙：湖南大学出版社，2008.

［22］张晓燕. 景观设计理念与应用［M］. 北京：中国水利水电出版社，2007.

［23］张东林. 高级园林绿化与育苗工培训考试教程［M］. 北京：中国林业出版社，2006.

［24］苑军. 景观设计［M］. 沈阳：辽宁科学技术出版社，2009.

［25］杨潇雨. 室外环境景观设计［M］. 上海：上海人民美术出版社，2011.

［26］田云庆. 室外环境设计基础［M］. 上海：上海人民美术出版社，2007.